智能制造产品布局设计理论与方法

萨日娜　著

ZHINENG ZHIZAO CHANPIN BUJU SHEJI
LILUN YU FANGFA

·北京·

内 容 简 介

本书主要介绍智能制造领域中关于产品布局设计的理论与方法。本书内容涉及产品设计需求分析、产品布局方案模型、产品布局知识多粒度重构方法、产品布局方案生成方法、产品部件分层布局方法、产品布局方案预测方法、产品布局方案评价方法、产品结构布局传动精度均衡分配技术及案例验证等。

本书是作者近十年来关于产品布局设计方法学研究的系统总结，供相关学者及高等院校相关专业的师生参考使用，以期为智能制造战略尽绵薄之力。

图书在版编目（CIP）数据

智能制造产品布局设计理论与方法/萨日娜著. —北京：化学工业出版社，2021.10

ISBN 978-7-122-39732-4

Ⅰ. ①智…　Ⅱ. ①萨…　Ⅲ. ①智能制造系统-设计-研究　Ⅳ. ①TH166

中国版本图书馆 CIP 数据核字（2021）第 162839 号

责任编辑：金林茹　张兴辉　　　　装帧设计：王晓宇

责任校对：宋　夏

出版发行：化学工业出版社（北京市东城区青年湖南街 13 号　邮政编码 100011）

印　　装：北京建宏印刷有限公司

710mm×1000mm　1/16　印张 9¼　字数 151 千字　2022 年 1 月北京第 1 版第 1 次印刷

购书咨询：010-64518888　　　　售后服务：010-64518899

网　　址：http://www.cip.com.cn

凡购买本书，如有缺损质量问题，本社销售中心负责调换。

定　　价：79.00 元

前言

PREFACE

随着现代产品功能、结构、耦合关系、物理过程的复杂化发展，产品的设计难度不断加大，如何增强复杂产品知识融通能力与智能设计水平、提高复杂产品设计效率，成为智能制造面临的共性科学问题。

产品布局方案设计处于整个产品开发过程的初始阶段，是产品设计过程的重要内容，是产品设计创新的最关键环节。复杂产品布局设计过程涉及空间关系、运动拓扑关系、功能、设计约束等多方面设计知识与信息。产品性能的好坏 70%是由设计阶段决定的，因此产品布局设计理论与方法研究成为从源头提高复杂产品整体性能的有效途径，具有重要的研究价值与意义。

本书系统地讲述了智能制造产品布局设计有关的理论、方法和应用。全书共九章，第一章介绍布局设计的基本概念及研究现状，梳理了布局设计的主要研究内容。第二章以产品设计需求转换为核心，介绍了加工工艺需求与性能需求的关系，提出了基于质量屋的需求耦合转换方法。第三章以产品布局模型为核心，介绍了布局约束分类、位姿图和性能融合模型建模方法。第四章以产品布局知识为核心，介绍了布局知识和粗糙集基本概念，同时基于知识粒度，提出了布局知识的约简与重构方法。第五章以产品布局方案生成为核心，基于公理化设计与多色集合理论，介绍了布局方案设计过程分析、布局元层次关系模型、产品布局多色模型及推理方法。第六章以产品部件分层布局为核心，介绍了部件分层及约束处理、分层布局智能算法、基于曲线控制的产品造型设计方法。第七章以产品布局方案预测为核心，基于可供性理论，介绍了可供性与布局特性关联性、布局预测模型构建方法。第八章以产品布局方案评价为核心，介绍了产品布局方案评价多指标权重的不确定性、多属性均衡决策方法。第九章以产品结构布局方案精度设计为核心，介绍了传动系统误差溯源，基于螺旋理论、多目标 Pareto 支配以及均衡决策的精度分配方案设计方法。

本书内容是在国家自然科学基金“复杂装备多域融合的方案可变特性设

计方法研究”（No. 51765052）、国家自然科学基金“基于多域可供性的复杂产品布局再设计方法研究”（No. 51405247）、内蒙古自然科学基金“面向复杂装备的布局更改融合设计方法研究”（No. 2016MS0507）、内蒙古自然科学基金“可供性驱动的蒙医整骨术骨折外固定支具设计方法研究”（No. 2020LH05009）的资助下完成的，在此对这些基金项目的支持表示衷心感谢！同时，本书的主要工作是在恩师浙江大学张树有教授的指导下完成的，在此向张老师及研究团队致敬！

本书是笔者近十年来关于产品布局设计方法学研究的系统总结，以期为智能制造战略尽绵薄之力。限于作者水平，书中难免会有疏漏，敬请读者批评指正。

著　者

目录

CONTENTS

第一章 绪论

随着现代产品功能、结构、耦合关系、物理过程的复杂化发展，产品的设计难度不断加大。产品方案设计是产品设计人员从设计需求出发，寻求合适的产品工作原理，确定满足设计需求的产品功能及性能所需结构载体的过程。布局方案设计处于整个产品开发过程的初始阶段，是产品方案设计的重要内容，是产品设计创新的最关键环节。复杂产品布局设计过程涉及空间关系、运动拓扑关系、功能、设计约束等多方面设计知识与信息。研究表明，产品性能的好坏 70%是由设计阶段决定的，因此布局方案设计成为从源头提高复杂产品整体性能的最为有效的途径。

产品布局设计过程，正在由传统的依靠设计人员主观经验类比设计、进行反复试制后最终定型的低效设计方式，逐步演变为以市场需求为导向的系统化设计方法。将用户的需求变化作为产品布局设计的源头驱动力，应用以智能化、网络化、数字化设计技术为手段的智能制造的现代设计方法，可提高产品设计的质量和效率。

第一节 布局设计的内涵

布局问题最初起源于切割和装填问题。传统的布局设计是给定一个布局空间和若干待布物体，将待布物体合理摆放在空间中满足必要的约束，并达到某种最优指标。布局问题按照维数可分为切段问题和装填问题，属 NP（Non-deterministic Polynomial，多项式复杂程度的非确定性）完全问题。传统的布局设计问题是在确定的布局空间内，按照一定的约束条件，研究如何将若干个待布置物体在待布空间中进行合理的摆放，并依据评价指标实现布局的最优化。按照设计的约束情况，可以分为无约束布局问题和带性能约束的布局设计问题。无约束布局问题，以提高空间利用率为主要目标，求解过程中要求待布物体不出界且相互间不干涉；带性能约束的布局设计问题，则在此基础上还需考虑性能约束，如稳定性、环境性、经济性、温度、振动等，使其求解较为复杂，称为复杂布局问题。布局设计广泛地存在于工程问题中，如车间生产线布置、卫星仓布局、管线管路设计、电梯井道布置等。产品布局设计主要包含以下几个方面。

（1）产品操作界面布局设计　产品操作界面布局设计是指在满足规定要求和约束的条件下，在规定区域内寻找最优的布置方式。人机界面布局问题涉及界面元素的人机功效学和设计学等，其中功效学研究人-机-环境之间的相互关系，主要目的在于提高用户产品的操作效率。操作界面布局设计原则是布局设计的依据，主要选取对产品操作界面布局显著影响的功效学准则和美度评价指标，包括重要性、使用频率、功能分组和功能单元使用序列等功效学准则，以及简单度、平衡度和优势度等美度评价指标，实现界面布局感性设计与理性设计的融合。

（2）线缆布局设计　线缆是复杂机电产品中连接电气元器件、电气设备或控制装置的电线、电缆及线束的总称。随着机电产品复杂化和精密化等的发展，大量应用线缆作为电气元件或设备间信号传递的桥梁。线缆布局设计是指线缆在设备中的长度、走向以及相关线槽具体位置的确定等。线缆布局合理与否直接关系到产品的性能和可靠性。传统的线缆布局设计依靠手工，通过在物理样机上反复试装、逐步完善来确定线缆的空间走线路径、线缆的长度以及线槽的位置和数量等。由于机电产品整机结构空间越来越小，零件数量越来越多，以实物试装为主的手工布局设计效率低，可靠性难以得到保证。将虚拟技术用在线缆的布局设计过程中，通过计算机仿真完成复杂产品的线缆走线路径、长度、分支结构等信息。数字化线缆布局设计主要包含人机交互式布局设计和自动布局设计两种方法。其中人机交互式布局设计更多地发挥设计人员的主观能动性，交互式地创建、修改和定义线缆的数字化模型，完成其在数字样机上的布局设计。自动布局设计通过机器人路径规划算法自动求解线缆的布局路径，具有更高的布线效率。

（3）管道布局设计 管道作为传输水、油、汽等介质的运输载体，在航空、航天、汽车、石油、化工等领域的机电产品中广泛应用。复杂机电产品往往结构复杂、内部空间狭小、零部件众多且集成度高，管道布局实施难度大。布局过程中还需要考虑装配和维修等一系列约束，因此管道布局问题属于 NP 难题。传统的管道布局设计是人工在实物样机上取样，利用设计人员的经验完成布局工作，因此具有研制周期长，管道铺设具有随意性、制造精度差等问题。数字化管道布局设计主要分为人机交互式布局设计和自动布局设计。人机交互式布局设计是由设计人员在产品的数字样机上对管路的走向进行规划，存在自动化程度不高、效率低等问题。自动布局设计是在给定环境空间、通电断电、约束条件和数字样机的基础上通过智能算法自动完成管路路径的搜索。

（4）气动布局设计 气动布局设计是在充分考虑尺寸、规模、操作稳定性、放热等多种约束下，在不同学科的设计目标间进行反复多次迭代、折中平衡和优化组合的过程，本质上是多学科相互耦合作用下的多目标优化过程。

（5）航天器布局方案设计 航天器由有效载荷、结构、热控制、姿态与轨道控制、电源、跟踪遥测与遥控、数据管理等分系统所组成，各分系统又由各自的设备和部件组成；组件形式多样、数量繁多；设备与设备之间、分系统与分系统之间有各种不同的机、电、液、气接口，并通过传动装置、管线、线缆相连。航天器布局方案设计是指利用航天器有限空间，布置尽可能多的组件和仪器、设备，并满足其内部和周围环境的各种约束的三维布局优化问题。航天器布局方案设计是在选定构型（即组件或分系统）的基础上，将航天器的一些设备布置在各舱段的合适位置。

（6）产品布局方案设计 复杂产品的布局设计是从产品设计需求出发，将设计需求映射为功能要求，规划满足需求的组成零部件之间的空间位置关系、相对运动关系，实现产品原理方案的结构化映射过程。产品布局方案设计是连接产品概念方案与详细结构设计的纽带，对复杂产品功能实现、性能发挥需求响应、企业效益等诸多因素有着重要的影响。产品布局方案设计流程由设计需求分析、原理方案设计、布局方案生成、方案评价决策四个主要部分组成。设计需求分析是通过设计需求的获取与转换，确定产品布局方案设计的功能、性能需求；原理方案设计是依据设计需求，对布局方案进行求解，实现布局方案的结构化表达；布局方案生成是依据需求对布局设计方案进行分析与改进；方案评价决策是对多个可行方案进行综合评价决策，得到最优方案。

第二节 布局设计发展现状

布局问题求解过程可分为4个步骤：布局问题建模、初始方案求解、优化方案和方案评价。布局问题建模分为几何建模、数学建模。几何建模包括布局空间和待布物体的建模；数学建模包括对待布物体进行初步的空间位置安排，考虑性能约束寻求最优解，最后对方案可行性和优劣进行评价。布局问题的求解方法主要有：数学方法、图论方法、知识工程、人工智能、启发式算法等。布局设计系统方面，可利用面向对象方法的、交互式三维空间实体布局的仿真系统、基于虚拟现实技术的人机交互式布局平台。

产品布局设计问题在建模和求解上都具有多重复杂性，问题求解模型往往是不可微的、不连续的、多维的、有约束的或高度非线性的，求解过程往往比较困难。

一、布局设计问题的分类

布局设计问题求解原则与方法是求解复杂产品布局设计的基础，布局问题的合理分类则有利于布局问题的解决。按照布局物体形状，产品布局设计可分为规则物体的布局设计和不规则物体的布局设计。规则物体的布局设计是对一系列具有规则外形（如圆形、圆柱形、球形、矩形、长方体）的物体进行空间位置布置，以求达到占用空间最少的目的；不规则物体的布局设计，是相对于规则物体的布局设计而言的，在实际产品布局设计中待布物体外形不规则，其在处理上具有一定难度，通常利用接近其外形的最小包络圆、球或矩形、长方体去代替不规则物体以简化布局设计问题。此外，多个不规则物体的组合简化处理也是常用手段。

二、布局建模问题

布局建模问题包括三方面：首先是待布物体以及布局空间的建模表达，

布局空间是指产品布局设计中约定或假定的某特定区域如汽车发动机舱、卫星舱等，其建模表达的关键在于边界条件的处理，相应的待布物体模型是对待布物体物理属性的建模表述，如占用空间、边界尺寸等，二者既是产品布局设计的基础，又是布局设计的关键点；其次是布局处理过程的建模表达，在产品布局设计过程中，待布物体在待布空间中位置改变，相应的布局问题随之而来，如何合理地对其建模表达关键在于对布局过程中约束条件的分析处理；最后是布局过程中的约束，通常将其作为布局问题模型的约束条件函数或目标函数，布局过程中的特性主要表现为布局问题的不确定性、动态性、模糊性、系统性、多目标性等。

布局问题求解方面：包括布局问题求解原则和求解复杂性。布局求解过程中必须遵循一些科学原则，如信息原则、预测原则、可行性原则、最优性原则、系统原则、反馈原则等；布局问题求解属于复杂组合优化问题，具有求解复杂性，因此对求解问题进行简化处理显得尤为必要，合理的简化方法能够降低产品布局设计问题的难度。简化处理的布局问题，其求解相对简单，但其在数学上仍然属于 NP 问题，存在计算复杂性。

三、布局问题中的约束

布局求解是在解决布局问题的过程中，对相对应的约束条件进行逐步处理以达到解决问题的目标。布局问题的求解过程在一定程度上就是对约束的处理以及利用约束条件求出满意的布局结果的过程。

布局问题约束主要分为布局目标约束和布局形式约束。布局目标约束是布局结果，即布局需要达到的效果，以汽车发动机舱为例，最终的布局结果是要能够传递汽车运动所需的动力并满足某些特定条件。目标约束在布局问题求解并达到某种结果过程中常常被转换为数学模型。布局形式约束主要是对目标约束的补充说明，当布局目标基本确立后，对各待布物体相对位置、布局模式以及布局空间类型等约束条件进行的说明。类似于布局目标约束，布局模式约束也常被用作优化模型的目标函数。待布物体相对位置约束指实际布局过程中物体与物体之间的相对位置，如汽车发动机舱散热器相对其他零部件就有其特定位置，一般做前处理以发挥其散热功能；布局模式约束通常指布局过程中物体摆放形式，如单层还是多层、并联还是串联；布局空间类型约束是在满足目标约束条件下对布局空间做出的假定。

第三节 产品布局方案设计的内容

一、产品设计需求分析

需求设计是复杂产品设计的起点，不同类型的需求将引发不同类型的产品设计活动，如常规设计、变型设计、适应性设计、创新设计等。研究表明，新产品提案中只有 6.5%能够产品化，主要原因是企业在需求设计过程中，未采用有效的需求设计方法，从而未得到准确的需求设计结果。因此，需求设计是复杂产品设计中必不可少的重要环节之一。国内外学者围绕客户需求获取、需求分析、需求建模和需求预测、需求管理等进行了大量的研究并进行了如下总结。需求设计过程可概括为需求获取、需求分析评估、需求处理、拟定产品设计任务书等阶段。其中，需求获取常通过市场调查法获得显性需求，也可预测隐性需求；需求分析评估是企业根据获取的需求信息，决策企业自身的竞争地位，指导产品开发策略；需求处理是对客户需求信息的系统化、规范化阐述，对于产品方案数字化设计十分有益，也是方案设计研究中的重点和难点。表 1-1 列出了面向复杂产品设计的客户需求特征、需求内容和意义。

表 1-1 面向复杂产品设计的客户需求特征、需求内容和意义

需求特征	需求内容和意义
能量	能量类型（机、电、液、热、冷等）；能量状态；输出；输入；转换；存储；消耗；效率
材料	材料类型（气体、液体、固体）；材料状态；相位；输入；输出；流动；储存；转换；性能（强度、韧性；弹性等）
特征	尺寸（高度、宽度、长度、厚度、位置、直径、间隙、公差、表面粗糙度、装配）；排列；连接；布局
性能	性能类型（速度和加速度、可靠性）；功能；寿命；疲劳；运动类型（线性运动、旋转运动、直线运动）；运动学；动力学；动态特性；共振载荷类型；变形
安全性	类型（直接保护、间接保护、警告信号和标志）；环境安全；可靠性保证
人机工程	操作（类型、姿势、位置、状态、安全、平滑、安静、舒适）；人机界面；人体测量学
制造	类型（车、铣、刨、磨、钳、热处理等）；工厂设置（限制、能力、加工过程、加工方法、加工刀具）；废料；润滑；质量；装配（过程、刀具、周期、地基）
质量	控制；保证（测试、检验、范围、方法、设施）
维护	方便；快捷；服务周期；检测；清洁；维修；替换；工具
环境	类型；受限制材料；限制状态；回收

同时，复杂产品设计中，准确理解客户需求并将其转化为工程特性是产品成功的重要因素。如何给产品需求匹配对应的功能特性需依赖设计人员的经验。目前，需求映射方法有最近相邻、归纳引导策略等实例检索方法，神经网络方法，模糊逻辑推理，智能算法，灰关联理论，需求转换，质量功能展开，模糊质量功能展开等。

二、产品布局设计知识处理

1. 产品布局设计知识分类

产品布局设计知识是指能用于产品布局设计与决策的各种信息与经验。设计知识的种类繁多，从逻辑抽象的角度分，有设计对象属性及其关系的知识、对象发展规律即设计控制进程的知识、技巧或经验类的知识、设计常识和设计知识的组织；从知识属性分，有描述设计对象的静态知识和描述设计过程的动态知识；从获取途径分，有工程实例知识、工程规范知识和设计经验知识等。总体而言，设计知识包括以下几个方面的内容：

（1）设计原理　是指在产品设计领域长期发展形成的领域设计知识。设计原理内容形式的多样化决定了产品设计过程中的结构原理、组织原理、具体设计方法等。

（2）设计经验　是设计人员经过长期实践后总结出的知识财富，对它的使用贯穿于产品设计的整个活动。设计经验有助于得出设计雏形，确定设计重点、难点，较快解决设计中的某些问题。设计经验主要包括经验公式、经验数据、叙述性经验等。

（3）设计规范　包括各种设计手册、公式和标准。这些设计知识是一些相对形式化和标准化的设计指南和参考，是设计人员在产品开发时广泛使用和遵循的规范依据，遵循这些标准有利于产品的系列化和标准化，提高与同类产品之间的兼容性和互换性。

（4）设计过程　包括从客户需求的分析到概念设计的完成，直到最后形成完整的产品信息的过程，记录了整个产品设计中所包含的推理与映射，是一系列问题的求解过程。

（5）已有的产品及模型　包含大量关于现有产品结构和功能等方面的设计知识，这些设计知识一般用图样、说明书等文档表示和传递。另外，还包括已有产品在原设计时的各种设计方案、选择原则、执行解和方法评估、仿真结果、试验记录、制造记录、应用记录和总体评价等，是产品设计知识的主要组成部分。

(6)试验与检测数据　主要指产品在工作状态下获取的运行数据，包括产品自身的变化（产品结构、产品特性及产品状态的变化）和产品周围环境的变化。

(7)市场信息及客户需求　市场信息与客户需求的获取主要是为了得到准确的产品设计规范，以便更好地为产品的开发和设计服务。对客户信息的掌握程度显得尤为重要，客户信息和市场信息的获取程度成为决定新产品是否适合市场需求和设计成败的重要因素。

2. 产品布局设计知识表达

从广义上讲，知识是人类对于客观事物规律性的认识，具有多种描述形式。就产品布局设计知识而言，数学模型、符号模型、人工神经网络是三种主要的知识描述形式。

产品布局设计过程是从分析用户需求到生成概念产品的过程，实际上是一连串问题的求解活动。每一种问题的求解方法都是对某种解答的搜索，不过在搜索解答过程开始之前必须先用某种方法表达。布局设计知识表达常用的方法分别是图论、知识图谱、设计知识的本体表达、物元表达和公理化表达等。

三、布局设计方案生成

传统布局问题求解的研究主要集中在布局组合优化，即给定一个布局空间和若干物体，将布局对象合理地摆放在空间中以满足必要的约束，并达到某种最优指标。针对这一类布局问题，主要求解方法有：启发式算法、并行算法以及几种算法的混合算法或者复合知识模型等。与传统布局问题不同，产品布局设计问题综合考虑的因素较多，属于满足特定约束的布局求解问题。

产品布局设计方案生成常用的方法有系统化方法和智能化方法。系统化方法致力于寻找概念设计问题的结构化映射方法，目标是将基于经验的设计转变为基于科学的设计，为产品设计提供通用的设计程序。典型的系统化设计方法有功构映射。功构映射是将抽象的功能性描述转化为具体几何尺寸与物理关系的零部件，实现产品的功能约束与物理结构的多对多映射求解。针对功构映射过程模糊性、多解性与复杂性的特点，借助启发式搜索、商空间等智能方法进行功能求解。现有的推理方法聚焦于功构模型的可操作性与可表达性，忽略了结构性能约束在推理适配过程中的关键作用，导致得到的设计方案在整个设计过程中缺乏一致性与有效性，增加了设计的迭代次数。由于在设计早期布局约束信息具有模糊不确定性，性能适配需要以智能化的方法为依托，围绕模糊约束信息展开，以约束为设计边界，在功构映射与结构布局综合阶段准确地传递与满足性能约束，从而获得结构性能较为优良的设计方案。

智能化推理方法有知识驱动和数据驱动两种方式，知识驱动通过预先给出的领域知识实现设计，常用方法有类比推理、定性推理等；数据驱动依赖大量领域实际数据进行推理，如基于实例的推理、神经网络等。基于实例的推理是一种相似问题映射方法，它利用存在于已有设计实例中的知识，利用过去的实例和经验来解决新问题，在一定程度上克服了知识获取的瓶颈，尤其适合设计规则难以总结的复杂产品设计，但实例修改和再设计问题尚需继续研究。神经网络能够处理具体产品数据，并从数据中获取隐性知识以指导设计。由于神经网络具有广泛互连的非线性特性，擅长处理联想记忆、形象思维等问题，也适合做表象的、浅层的经验推理及模糊推理。另外，其分布式记忆和并行计算的特点有利于知识存储的简化和运行效率的提高，同时具有自组织、自学习能力以及良好的兼容性。其缺点是需要大量数据进行训练、训练时间较长、解释不足等。

四、布局方案智能评价

方案的评价即方案的选择，是从若干备选方案中选出一个或几个较优方案。然而在方案决策过程中，由于客户需求映射的复杂性、模糊性以及客户和设计者之间交互语义一致性等问题，常常会导致产生的布局设计方案具有非唯一性。产品布局设计方案对产品后续的详细设计、工艺设计等工作具有重要的影响，所以对产品布局设计方案进行评价选择是产品设计中的一个重要步骤。

产品布局设计方案的评价与选择是一个典型的不确定环境下的复杂性多准则决策群体协同决策问题，涉及概念产品的质量、成本、可制造性、可维护性、安全性等诸多因素。目前的方案选择方法可分为效用分析法和软计算方法，如模糊推理、遗传算法、多目标决策方法等。在评价过程中，由于产品设计方案尚处于概念化阶段，因此难以利用精确、完善的度量尺度对每个准则进行评价，而且不同准则之间存在着错综复杂的交互与耦合关系；另外，不同的设计方案评价专家也具有不同的知识水平和决策背景，因此很难达成一致性决策结果。

近年来，布局方案智能评价的研究主要集中于如何使用智能化的方法处理产品布局设计方案评价过程中评价信息的模糊性、不精确性和不完备性等不确定的问题，并且将人工智能领域中的不确定性信息处理方法成功地应用于产品布局设计方案进行评价。这种智能评价方法要综合考虑所设计产品的技术指标、经济指标、社会指标等诸多方面的情况，同时产品布局设计方案的评价与选择将对整个产品研发过程的效率、成本、客户满意度等方面产生重要的影响。

本章小结

本章首先论述了产品布局设计的重要性，介绍了产品布局设计的内涵及分类，其次综述了布局设计研究现状，最后阐明了产品布局设计研究内容。

第二章
产品设计需求分析

复杂产品开发规划是设计人员根据市场需求进行构思、试验、选择方案、确定尺寸的总称。考虑产品竞争性、服务、成本、环境等因素，将用户工艺需求、性能需求转换成复杂产品工艺参数、性能参数、运动参数、动力参数等复杂产品技术特性，是复杂产品规划过程中的一个关键环节。然而，用户工艺需求获取困难，且现有研究对用户工艺需求、性能需求、产品技术特性三者之间的耦合性分析较少，因此合理提取或识别复杂产品的各项需求特性，使之能够更好地满足产品性能的要求，是复杂产品布局方案设计需要解决的耦合难题之一。

第一节 复杂产品加工工艺与性能需求耦合转换方法

一、复杂产品加工工艺与性能需求转换过程

复杂产品加工工艺与性能要求转换过程包括相互关联的八个方面：市场调研、加工工艺与性能需求分析、市场目标分析、产品方案定位、引导或约束产品开发、综合评价、产品技术特性决策和最终产品技术特性。复杂产品开发初期，设计人员经过市场调研准确把握市场需求、用户需求、技术发展水平、企业发展目标、竞争对手情况与设计理念等信息；综合分析加工工艺与性能需求，得到市场目标，包括市场需求多样性分析、用户需求不确定性分析、加工工艺需求分析结果；根据竞争产品情况与产品技术水平分析，对

新开发复杂产品进行定位；同时结合产品开发成本、绿色工程设计理念、产品服务要求等约束，引导制订新产品开发方案；得到多个产品方案，对复杂产品技术特性进行综合评价与决策，确定复杂产品技术特性重要程度。复杂产品加工工艺与性能需求转换过程如图 2-1 所示。

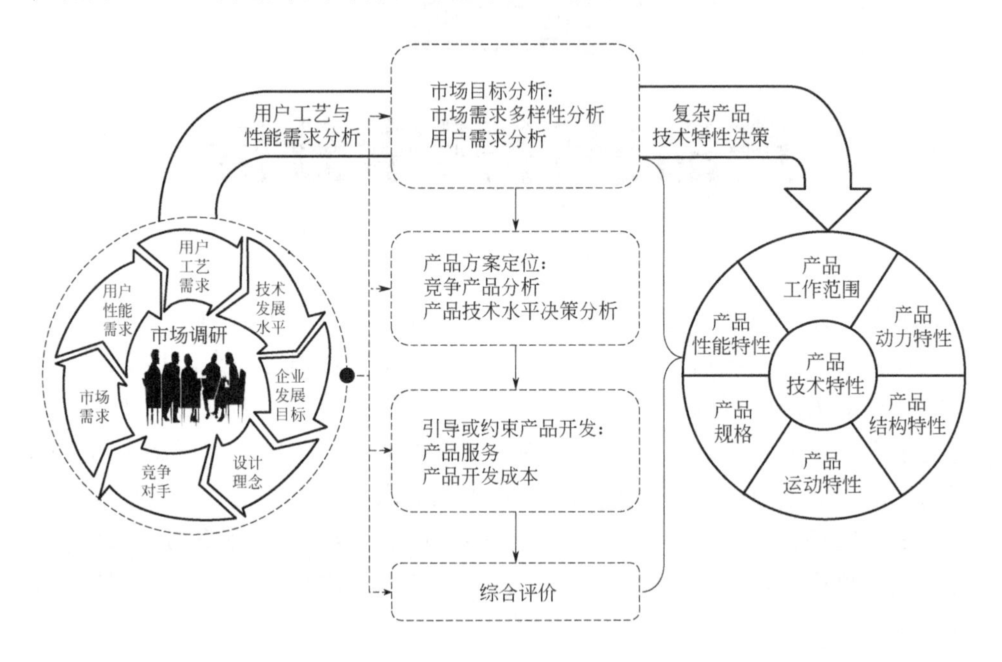

图 2-1　复杂产品加工工艺与性能需求转换过程

二、复杂产品加工工艺与性能需求转换质量屋

复杂产品加工工艺与性能需求转换可通过质量屋的方法实现，质量屋是系统工程思想在产品规划中的具体应用。在复杂产品规划过程中，设计团队致力于将市场需求、用户性能需求、用户工艺需求等信息映射为产品技术特性。同时设计团队应广泛了解企业现有的制造条件和技术水平，考虑产品竞争性、售后服务、成本、环境等影响因素。企业为了在市场中获得胜利，对重要的技术特性给予更多的关注和资源，以准确获得技术特性的改进重要度为基础，有目的地设计和开发产品，获得产品竞争优势。除此之外，企业按照绿色工程的要求，设计时充分考虑产品的成本和对环境的影响最小等因素，提高服务意识，优化复杂产品各项技术特性要素。以上因素构成的质量屋模型如图 2-2 所示。

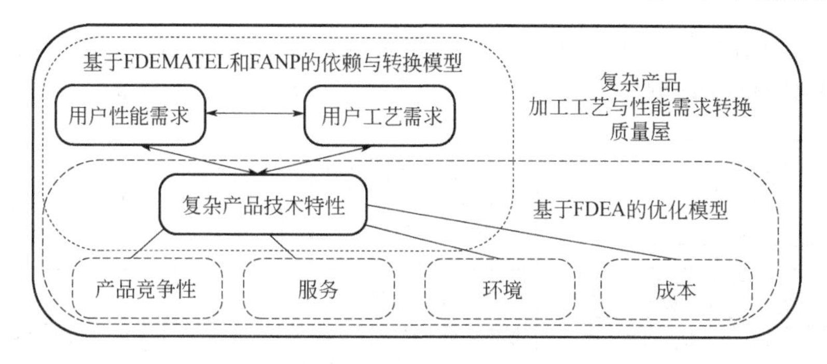

图 2-2　复杂产品加工工艺与性能需求转换质量屋

第二节 质量屋耦合模型计算流程

面向复杂产品加工工艺与性能需求转换的质量屋耦合模型主要包括两个阶段：①考虑用户性能需求、加工工艺需求和技术特性间依赖与反馈关系，建立复杂产品规划质量屋 ANP（网络分析法）模型，借助 DEMATEL（决策实验室分析方法）理论计算各因素间综合影响关系，针对设计团队语言决策模糊性，借鉴三角模糊数量化方法，计算复杂产品技术特性初始重要度；②考虑产品竞争性、服务、成本、环境等因素，利用 FDEA（模糊数据包络分析）产出最大化效率规划模型，计算复杂产品技术特性最终重要度。质量屋耦合模型计算流程如图 2-3 所示。

一、基于 FDEMATEL 和 FANP 的耦合转换算法

利用 DEMATEL 方法、ANP 方法以及三角模糊数，计算复杂产品技术特性初始重要度。设计团队语言评估，以三角模糊数对语言评估值进行量化计算，确定规划系统直接影响矩阵。借助 DEMATEL 方法，研究用户性能需求、加工工艺需求与产品技术特性之间的相互综合影响关系，计算技术特性初始重要度。该方法计算过程共有 6 步。

步骤（1）企业设计人员通过周密的市场调研，深入研究市场需求和用户需求，确定用户性能需求、用户工艺需求、产品技术特性。

步骤（2）构造加工工艺与性能需求转换 ANP 模型。面向耦合质量屋 ANP 模型由性能需求、加工工艺需求、技术特性三部分构成。三者存在内部耦合

关系，且三者间存在外部耦合关系。复杂产品规划加工工艺与性能需求转换ANP模型如图2-4所示。

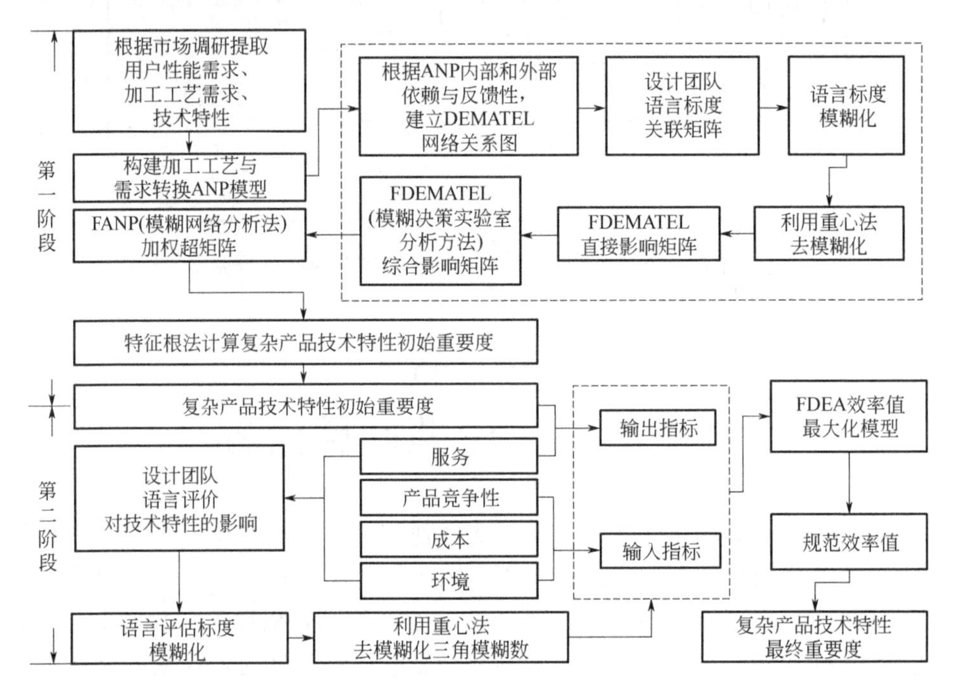

图 2-3 质量屋耦合模型计算流程

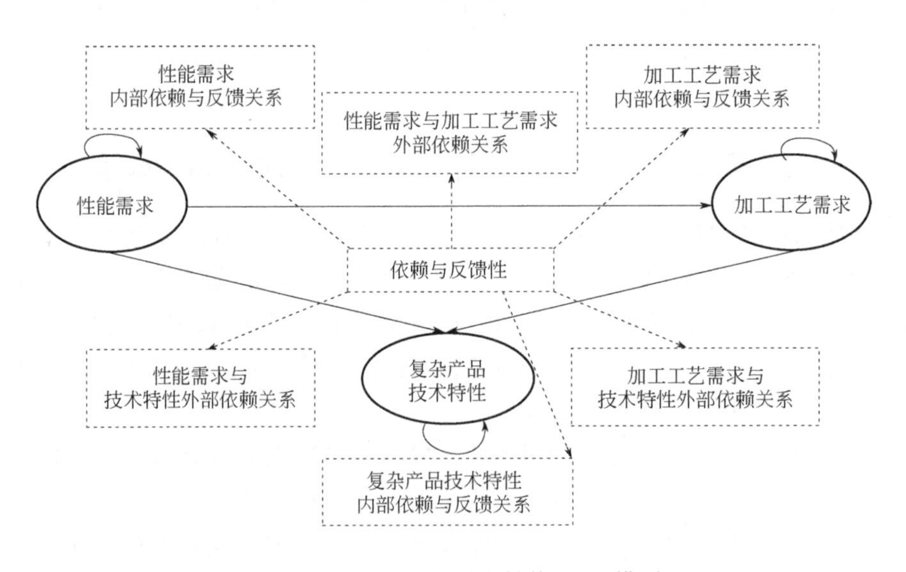

图 2-4 加工工艺与需求转换 ANP 模型

步骤（3）设计团队及相关专家进行语言评估，得到记录耦合关系的直接影响矩阵 $\boldsymbol{A}$，并根据图 2-5 和表 2-1 将语言直接影响矩阵转化为模糊直接影响矩阵 $\tilde{\boldsymbol{A}}$。

$$\tilde{\boldsymbol{A}} = \begin{array}{c} \\ F \\ P \\ E \end{array} \begin{array}{c} \begin{matrix} F & P & E \end{matrix} \\ \begin{bmatrix} \tilde{a}_{11} & \tilde{a}_{12} & \tilde{a}_{13} \\ 0 & \tilde{a}_{22} & \tilde{a}_{23} \\ 0 & \tilde{a}_{32} & \tilde{a}_{33} \end{bmatrix} \end{array}$$

式中，$\tilde{a}_{11}$表示性能需求内在依赖关系；$\tilde{a}_{12}$表示性能需求对工艺需求的外在依赖关系；$\tilde{a}_{13}$表示性能需求对复杂产品技术特性的外在依赖关系；$\tilde{a}_{22}$表示加工工艺需求内在依赖关系；$\tilde{a}_{23}$表示加工工艺需求与复杂产品技术特性的外在关联关系；$\tilde{a}_{32}$表示复杂产品技术特性对加工工艺需求的外在依赖关系；$\tilde{a}_{33}$表示复杂产品技术特性内在依赖与反馈关系；F 表示性能需求；P 表示工艺需求；E 表示技术特性。

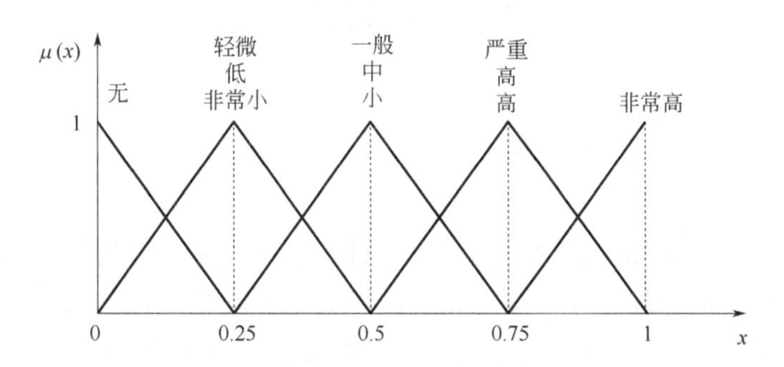

图 2-5　语言标度三角模糊数

表 2-1　语言标度及三角模糊数量化

语言标度	三角模糊数	重心法去模糊
非常高（VH）	(0.75,1.0,1.0)	0.92
高/严重（H）	(0.5,0.75,1.0)	0.75
小/中/一般（L）	(0.25,0.5,0.75)	0.5
非常小/低/轻微（VL）	(0,0.25,0.5)	0.25
无（NO）	(0,0,0.25)	0.08

步骤（4）FDEMATEL 方法（模糊决策实验室分析方法）确定直接影响矩阵及综合影响矩阵，并规范化代替加权超矩阵。

给出的三角模糊数比较大小的可能度公式和重心法去模糊，确定模糊尺度因子 $\tilde{S}$ 和规范化初始直接影响矩阵 $\tilde{\boldsymbol{D}}$ 。

$$\tilde{S}=\max\left(\max\sum_{j=1}^{n}\tilde{a}_{ij},\max\sum_{i=1}^{n}\tilde{a}_{ij}\right)$$

$$\tilde{\boldsymbol{D}}=\frac{\tilde{\boldsymbol{A}}}{\tilde{S}} \tag{2-1}$$

计算模糊综合影响矩阵（直接和间接影响矩阵）$\tilde{\boldsymbol{T}}$ 、影响度矢量 $\tilde{\boldsymbol{R}}$ 、被影响度矢量 $\tilde{\boldsymbol{C}}$ ；

$$\tilde{\boldsymbol{T}}=(\tilde{t}_{ij})_{n\times n}=\tilde{\boldsymbol{D}}(\boldsymbol{I}-\tilde{\boldsymbol{D}})^{-1} \tag{2-2}$$

$$\tilde{\boldsymbol{R}}=(\tilde{r}_i)_{n\times 1}=\left(\sum_{j=1}^{n}\tilde{t}_{ij}\right)_{n\times 1} \tag{2-3}$$

$$\tilde{\boldsymbol{C}}=(\tilde{c}_j)_{1\times n}^{\mathrm{T}}=\left(\sum_{i=1}^{n}\tilde{t}_{ij}\right)_{1\times n}^{\mathrm{T}} \tag{2-4}$$

以中心度矢量 $(\tilde{\boldsymbol{R}}+\tilde{\boldsymbol{C}})$ 为横坐标，原因度矢量 $(\tilde{\boldsymbol{R}}-\tilde{\boldsymbol{C}})$ 为纵坐标，绘制原因—结果图；$(\tilde{\boldsymbol{R}}-\tilde{\boldsymbol{C}})$ 表示矩阵中元素影响其他元素的程度与被其他元素影响程度大小的比较，决定着元素的分类；$(\tilde{\boldsymbol{R}}+\tilde{\boldsymbol{C}})$ 表示矩阵中元素影响其他元素的程度与被其他元素影响程度的综合，决定着元素在系统中的位置以及元素间的相对重要性。

规范化直接影响矩阵 $\tilde{\boldsymbol{H}}$

$$\tilde{\boldsymbol{H}}=(\tilde{h}_{ij})_{n\times n}=\left(\frac{\tilde{t}_{ij}}{\sum_{i=1}^{n}\tilde{t}_{ij}}\right)_{n\times n} \tag{2-5}$$

步骤（5）得到 $\tilde{\boldsymbol{H}}$ 的代替加权模糊超矩阵 $\tilde{\boldsymbol{Z}}$

$$\tilde{\boldsymbol{Z}}=(\tilde{z}_{ij})_{n\times n}=(\tilde{h}_{ij})_{n\times n} \tag{2-6}$$

步骤（6）利用特征根法计算模糊权重矢量，得到复杂产品技术特性初始

重要度矢量 $\boldsymbol{W}_0$。

二、基于 FDEA 的技术特性重要度优化分析

基于复杂产品系统化设计思想，除了考虑用户性能需求和加工工艺需求外，还要考虑企业制造、生产条件、成本、环境等因素，引入 FDEA 模型，计算复杂产品技术特性的最终重要度。将每一个复杂产品技术特性看作一个决策单元，而其效率评价值可反映其相对重要度。

根据复杂产品技术特性初始重要度、产品竞争性、服务、成本、环境等因素，计算决策单元的效率。数据包络分析模型需确定“输入”和“输出”指标。若一个决策单元在某一因素中的值越大，该决策单元的重要程度越高，则该因素作为“输出”指标；若一个决策单元在某一因素中的值越大，而该决策单元的重要程度越低，则该因素应作为“输入”指标。对于一个技术特性，由于技术特性初始重要度越大和服务对技术特性的改进影响越大，该决策单元的重要程度越高，因此将复杂产品技术特性初始重要度和服务看作是“输出”指标。而对于产品竞争性、成本和环境因素，对技术特性的影响越严重，该技术特性的重要程度越低，因此产品竞争性因素、成本因素和环境因素看作是“输入”指标。设计团队语言判断评估转化为三角模糊数量化计算。FDEA 模型中复杂产品技术特性最终重要度的输入与输出指标如图 2-6 所示。

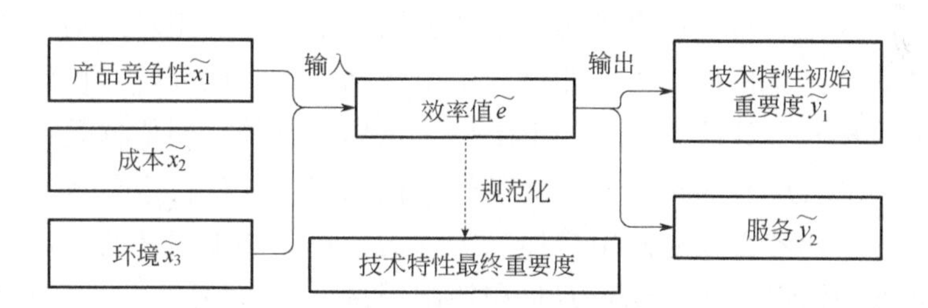

图 2-6 FDEA 模型中复杂产品技术特性最终重要度的输入与输出指标

定义第 j 个决策单元（DMU_j）的效率评价值为

$$E_j = \frac{\sum_{r=1}^{s} u_r y_{rj}}{\sum_{i=1}^{m} v_i x_{ij}}$$

根据 DEA（数据包络分析）分析 CCR 模型，评价 DMU_j 效率的输出最大化模糊系数线性规划模型为

$$\max \tilde{E}_o = \sum_{r=1}^{s} u_r \tilde{y}_{ro} \tag{2-7}$$

$$\text{s.t.}\begin{cases} \sum_{i=1}^{m} v_i \tilde{x}_{io} = 1 \\ \sum_{r=1}^{s} u_r \tilde{y}_{rj} - \sum_{i=1}^{m} v_i \tilde{x}_{ij} \leqslant 0, j = 1,2,\cdots,n \\ u_r \geqslant 0, r = 1,2,\cdots,s \\ v_i \geqslant 0, i = 1,2,\cdots,m \end{cases}$$

最后，模糊效率评价值进行归一化处理得到复杂产品技术特性最终重要度矢量 $\boldsymbol{W}$。

第三节 实 例

数控机床是典型的制造装备，是机械制造业的基础加工装备。在机械加工过程中，为刀具与工件提供实现工件表面成形所需的相对运动，并为加工过程提供动力。数控机床的总体设计主要包括工件工艺分析、机床总体布局和机床主要技术参数的确定等。拟定机床总体方案的主要依据是：被加工工件、使用要求及现有的技术与制造条件。被加工工件是机床总体方案设计的重要依据，设计者必须明确用户加工工件的特点和加工工艺要求，以便确定工件的装夹和输送方法、选择刀具和切削用量、机床精度、生产效率、自动化程度、可靠性、操作方便性及外观造型等。然而，由于工件工艺获取困难且同一工件因采用的工艺方案不同，使得机床的总体技术特性方案完全不同，因此设计人员应根据企业自身情况对工件加工工艺与性能需求进行转换，合理选取数控机床技术特性。

根据广泛的市场调研，研究了用户提出的性能需求，分析了典型的用户加工工艺，筛选了用户性能需求，并进行归纳如下：F_1 高速性、F_2 高精密性、F_3 高可靠性、F_4 生产率和自动化程度、F_5 宜人性、F_6 刚度要求。以典型加工工件箱体为例，箱体加工工艺需求可归纳如下：P_1 切削速度、P_2 加工类型、

P_3 刀具直径、P_4 进给速度、P_5 工件材料、P_6 背吃刀量、P_7 刀具类型、P_8 加工对象、P_9 工件尺寸与表面粗糙度、P_{10} 工件成形表面、P_{11} 进给量、P_{12} 工件生产批量、P_{13} 切削力、P_{14} 刀具寿命。初步规划数控机床技术特性为：E_1 工作台尺寸、E_2 工作台承重、E_3 各轴行程、E_4 各轴快速移动、E_5 主轴最高转速、E_6 主轴最大扭矩、E_7 刀库容量、E_8 各轴定位精度、E_9 各轴重复定位精度、E_{10} 布局形式、E_{11} 运动形式、E_{12} 最大加工直径、E_{13} 最大加工长度、E_{14} 主轴电机功率、E_{15} 机床外轮廓尺寸。

数控机床质量屋 ANP 模型建立之后，QFD 设计团队借助语言标度问卷形式，确定各个因素之间依赖与反馈网络关系（包括内部和外部关系），步骤如下。

步骤（1）构建质量屋 ANP 模型，如图 2-7 所示。

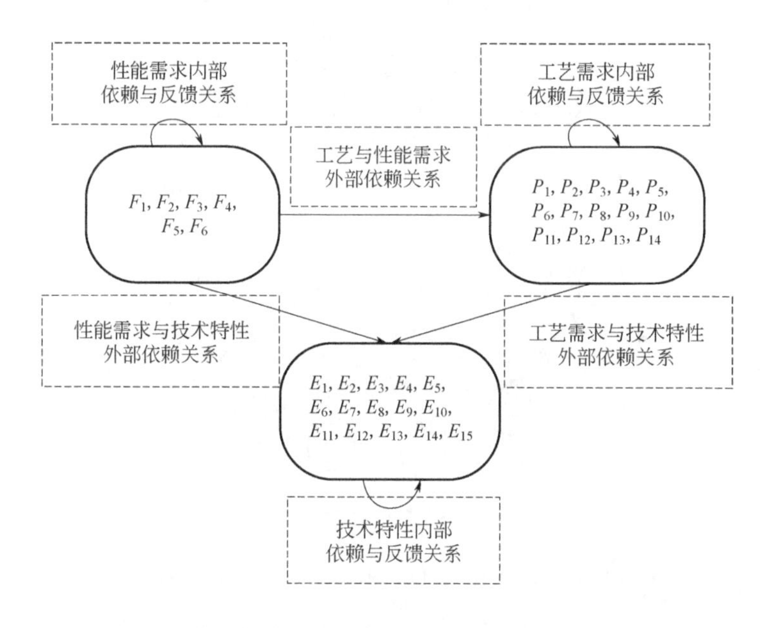

图 2-7　数控机床加工工艺与性能需求转换 ANP 模型

步骤（2）建立数控机床质量屋依赖与反馈网络关系图，如图 2-8 和图 2-9 所示。

步骤（3）设计人员和用户等相关人员语言评估，规划系统因素间直接影响程度，得到语言标度直接影响矩阵 $\boldsymbol{A}$。

步骤（4）利用三角模糊数将专家语言标度量化为三角模糊数，去模糊化处理获得模糊直接影响矩阵，见表 2-2。

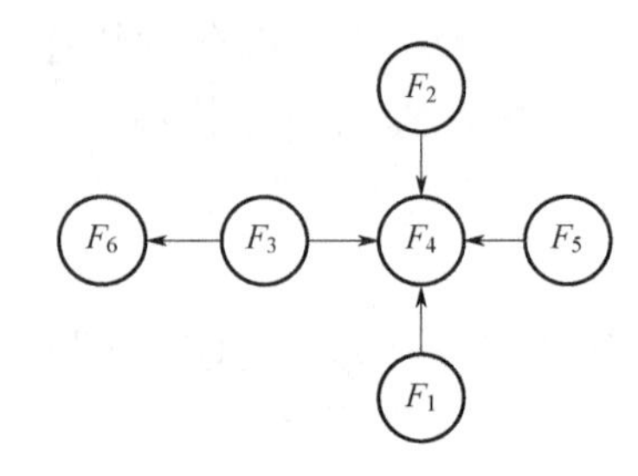

(a) 性能需求依赖网络关系图

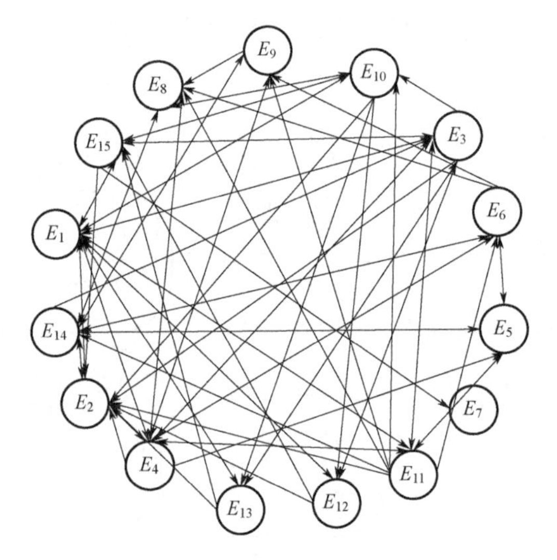

(b) 技术特性依赖与反馈网络关系图

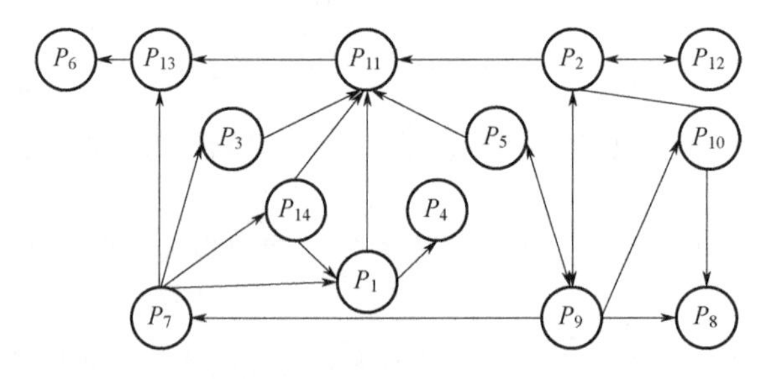

(c) 加工工艺需求依赖与反馈网络关系图

图 2-8　ANP 内在依赖与反馈网络关系图

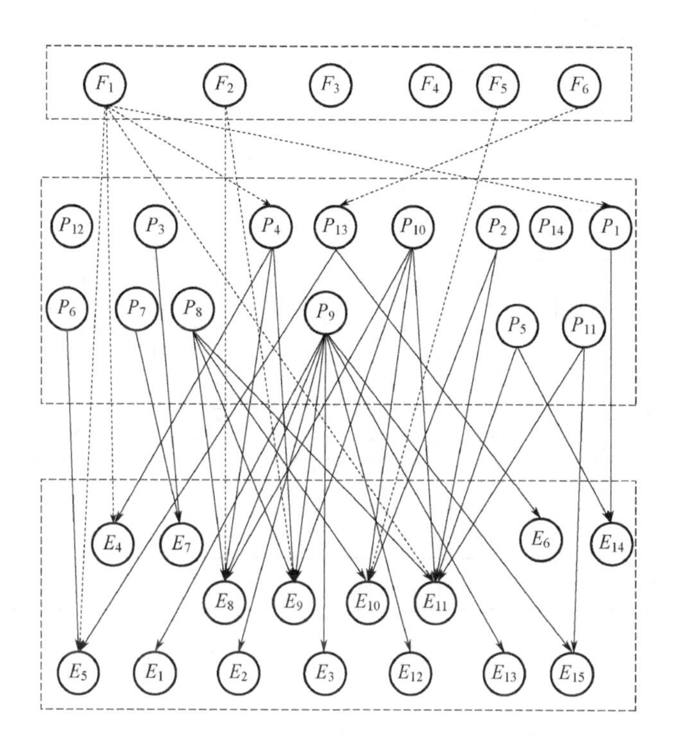

图 2-9　ANP 外在依赖网络关系图

表 2-2　模糊直接影响矩阵 $\tilde{A}$ 各元素值

元素	F_1	…	F_6	P_1	…	P_{14}	E_1	…	E_{15}
F_1	0.08	…	0.08	0.92	…	0.08	0.08	…	0.08
…	…	…	…	…	…	…	…	…	…
F_6	0.08	…	0.08	0.08	…	0.08	0.08	…	0.08
P_1	0.08	…	0.08	0.08	…	0.08	0.08	…	0.08
…	…	…	…	…	…	…	…	…	…
P_{14}	0.08	…	0.08	0.75	…	0.08	0.08	…	0.08
E_1	0.08	…	0.08	0.08	…	0.08	0.08	…	0.92
…	…	…	…	…	…	…	…	…	…
E_{15}	0.08	…	0.08	0.08	…	0.08	0.5	…	0.08

步骤（5）确定模糊尺度因子 $\tilde{S}=9.5$，将 $\tilde{S}$ 代入式（2-1）得到规范化模

糊直接影响矩阵 $\tilde{\boldsymbol{D}}$，见表 2-3。

表 2-3　规范化模糊直接影响矩阵 $\tilde{\boldsymbol{D}}$ 各元素值

元素	F_1	…	F_6	P_1	…	P_{14}	E_1	…	E_{15}
F_1	0.008	…	0.008	0.097	…	0.008	0.008	…	0.008
…	…	…	…	…	…	…	…	…	…
F_6	0.008	…	0.008	0.008	…	0.008	0.008	…	0.008
P_1	0.008	…	0.008	0.008	…	0.008	0.008	…	0.008
…	…	…	…	…	…	…	…	…	…
P_{14}	0.008	…	0.008	0.008	…	0.008	0.008	…	0.008
E_1	0.008	…	0.008	0.008	…	0.008	0.008	…	0.097
…	…	…	…	…	…	…	…	…	…
E_{15}	0.008	…	0.008	0.008	…	0.008	0.053	…	0.008

步骤（6）将 $\tilde{\boldsymbol{D}}$ 代入式（2-2），得到模糊综合影响矩阵 $\tilde{\boldsymbol{T}}$，见表 2-4。

表 2-4　模糊综合影响矩阵 $\tilde{\boldsymbol{T}}$ 各元素值

元素	F_1	…	F_6	P_1	…	P_{14}	E_1	…	E_{15}
F_1	0.008 7	…	0.000 2	0.011 7	…	0.000 2	0.000 6	…	0.000 4
…	…	…	…	…	…	…	…	…	…
F_6	0.000 2	…	0.000 2	0.000 2	…	0.000 2	0.000 3	…	0.000 3
P_1	0.000 2	…	0.000 2	0.008 6	…	0.000 2	0.000 4	…	0.000 3
…	…	…	…	…	…	…	…	…	…
P_{14}	0.000 2	…	0.000 2	0.007 2	…	0.008 6	0.000 3	…	0.000 3
E_1	0.000 2	…	0.000 2	0.000 3	…	0.000 2	0.009 4	…	0.015 6
…	…	…	…	…	…	…	…	…	…
E_{15}	0.000 2	…	0.000 2	0.000 2	…	0.000 2	0.005 1	…	0.008 8

由式（2-3）和式（2-4）计算影响度矢量 $\tilde{\boldsymbol{R}}$、被影响度矢量 $\tilde{\boldsymbol{C}}$。计算中心度矢量 $(\tilde{\boldsymbol{R}}+\tilde{\boldsymbol{C}})$、原因度矢量 $(\tilde{\boldsymbol{R}}-\tilde{\boldsymbol{C}})$。影响度矢量 $\tilde{\boldsymbol{R}}$、被影响度矢量 $\tilde{\boldsymbol{C}}$，中心度矢量 $(\tilde{\boldsymbol{R}}+\tilde{\boldsymbol{C}})$、原因度矢量 $(\tilde{\boldsymbol{R}}-\tilde{\boldsymbol{C}})$ 计算结果见表 2-5。

表 2-5　FDEMATEL 分析结果

项目	F_1	F_2	F_3	F_4	F_5	F_6	P_1	P_2	P_3	P_4	P_5	P_6	P_7	P_8	P_9	P_{10}	P_{11}	P_{12}
$\tilde{R}$	0.096	0.055	0.029	0.028	0.022	0.03	0.043	0.064	0.29	0.038	0.056	0.018	0.99	0.064	0.089	0.049	0.033	0.022
$\tilde{C}$	0.022	0.034	0.015	0.038	0.015	0.0217	0.038	0.024	0.026	0.030	0.018	0.026	0.018	0.017	0.034	0.023	0.058	0.022
$\tilde{R}+\tilde{C}$	0.118	0.089	0.044	0.066	0.037	0.0517	0.081	0.088	0.316	0.068	0.074	0.044	1.008	0.081	0.123	0.072	0.091	0.044
$\tilde{R}-\tilde{C}$	0.074	0.021	0.014	−0.001	0.007	0.0093	0.050	0.04	0.264	0.008	0.038	−0.008	0.972	0.047	0.055	0.027	−0.025	0.000

项目	P_{13}	P_{14}	E_1	E_2	E_3	E_4	E_5	E_6	E_7	E_8	E_9	E_{10}	E_{11}	E_{12}	E_{13}	E_{14}	E_{15}
$\tilde{R}$	0.048	0.030	0.110	0.024	0.08	0.079	0.044	0.077	0.014	0.048	0.049	0.070	0.130	0.060	0.060	0.060	0.040
$\tilde{C}$	0.038	0.026	0.133	0.093	0.141	0.127	0.081	0.076	0.034	0.105	0.086	0.120	0.110	0.029	0.029	0.110	0.090
$\tilde{R}+\tilde{C}$	0.086	0.056	0.243	0.117	0.221	0.206	0.125	0.153	0.048	0.153	0.135	0.190	0.240	0.089	0.089	0.170	0.130
$\tilde{R}-\tilde{C}$	0.010	0.004	−0.023	−0.069	−0.061	−0.048	0.037	0.001	0.020	−0.067	−0.037	−0.050	0.020	0.031	0.031	−0.050	−0.050

步骤（7）中心度为横坐标，原因度为纵坐标，绘制数控机床ANP依赖与反馈原因-结果图，如图2-10所示。

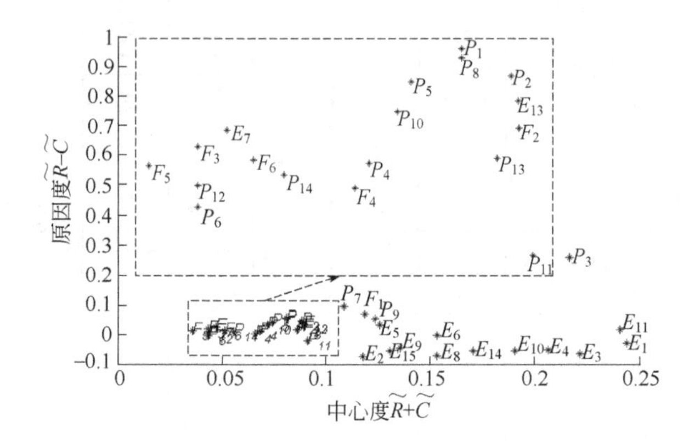

图2-10　数控机床ANP依赖与反馈原因-结果图

FDEMATEL分析结果表明，数控机床产品规划的原因因素为F_1、F_2、F_3、F_5、F_6、P_1、P_2、P_3、P_4、P_5、P_6、P_7、P_8、P_9、P_{10}、P_{12}、P_{13}、P_{14}、E_5、E_6、E_7、E_{11}、E_{12}、E_{13}；结果因素为F_4、P_{11}、E_1、E_2、E_3、E_4、E_8、E_9、E_{10}、E_{14}、E_{15}。原因因素对其他因素影响较大，而结果因素受其他因素影响较大。

步骤（8）加权超矩阵$\tilde{\boldsymbol{Z}}$由规范化直接影响矩阵$\tilde{\boldsymbol{H}}$代替，加权超矩阵$\tilde{\boldsymbol{Z}}$各元素见表2-6。

表2-6　加权超矩阵$\tilde{Z}$各元素

元素	F_1	…	F_6	P_1	…	P_{14}	E_1	…	E_{15}
F_1	0.061 4	…	0.001 7	0.082 4	…	0.001 7	0.004 3	…	0.002 8
…	…	…	…	…	…	…	…	…	…
F_6	0.001 1	…	0.060 5	0.001 2	…	0.001 1	0.002 2	…	0.001 8
P_1	0.001 2	…	0.001 2	0.060 8	…	0.001 2	0.002 5	…	0.002 0
…	…	…	…	…	…	…	…	…	…
P_{14}	0.001 1	…	0.001 1	0.050 9	…	0.060 6	0.002 2	…	0.001 8
E_1	0.001 7	…	0.001 7	0.002 0	…	0.001 8	0.066 1	…	0.110 3
…	…	…	…	…	…	…	…	…	…
E_{15}	0.001 2	…	0.001 2	0.001 4	…	0.001 2	0.036 1	…	0.062 0

步骤（9）利用特征根法，确定 FANP 模糊权重矢量，即技术特性初始重要度矢量。

$\boldsymbol{W}_0$=（0.0705，0.0138，0.0595，0.0492，0.0209，0.0358，0.0031，0.0262，0.0237，0.0410，0.0811，0.0408，0.0322，0.0162）

根据系统工程的思想，考虑产品竞争性、服务、成本、环境等因素，优化技术特性重要度。根据产品调研，QFD 团队以三角模糊数评估本企业及其竞争对手产品的各项技术特性，建立竞争性评价矩阵。利用联合分析（Conjoint Analysis，CA）法，对竞争性评价矩阵进行最小二乘统计分析，得到产品各项技术特性的总体效用值，从而确定产品技术特性竞争性重要度。输出指标 2 服务和输入指标 2 成本表示改进技术特性 E_j 对成本的影响，以低、中、高评估。输入指标 3 环境表示改进工程指标 E_j 对环境的影响，以轻微、一般、严重评估。这些信息都是由 QFD 团队判断评估，具有模糊不确定性，同样采用三角模糊数表示，见表 2-7。针对输出指标 2、输入指标 2 和 3，借助 AHP（层次分析法）分析各自的模糊优先矢量。根据 FDEA 分析式（2-5）获得模糊效率值。最后归一化处理得到技术特性最终重要度矢量。

$\boldsymbol{W}$=（0.1679，0.1913，0.1913，0.1203，0.1275，0.1391，0.0957，0.1179，0.1159，0.1913，0.1627，0.1501，0.1051，0.1913，0.0756）

表 2-7 FDEA 模型数据与分析结果

决策单元	E_1	E_2	E_3	E_4	E_5	E_6	E_7	E_8
输入 1	0.92	0.5	0.75	0.5	0.08	0.92	0.75	0.5
输入 2	0.75	0.75	0.25	0.5	0.5	0.75	0.5	0.25
输入 3	0.5	0.25	0.25	0.75	0.5	0.25	0.5	0.75
输出 1	0.070 5	0.013 8	0.059 5	0.049 2	0.020 9	0.035 8	0.003 1	0.026 2
输出 2	0.75	0.5	0.25	0.5	0.5	0.25	0.5	0.25
效率评价值	0.877 9	1	1	0.628 7	0.666 7	0.727	0.5	0.616 4
最终重要度	0.167 9	0.191 3	0.191 3	0.120 3	0.127 5	0.139 1	0.095 7	0.117 9

决策单元	E_9	E_{10}	E_{11}	E_{12}	E_{13}	E_{14}	E_{15}
输入 1	0.25	0.08	0.92	0.75	0.5	0.08	0.08
输入 2	0.25	0.5	0.5	0.75	0.5	0.25	0.75
输入 3	0.25	0.5	0.75	0.25	0.5	0.25	0.75

续表

决策单元	E_9	E_{10}	E_{11}	E_{12}	E_{13}	E_{14}	E_{15}
输出 1	0.023 7	0.041	0.081 1	0.040 8	0.040 8	0.032 2	0.016 2
输出 2	0.25	0.75	0.25	0.25	0.5	0.5	0.25
效率评价值	0.605 7	1	0.850 4	0.784 6	0.549 5	1	0.395 1
最终重要度	0.115 9	0.191 3	0.162 7	0.150 1	0.105 1	0.191 3	0.075 6

结果表明，数控机床技术特性最终重要度决定于用户性能需求、加工工艺需求、产品竞争力、服务、成本和环境等因素。在以复杂箱体为典型加工工艺需求的情况下，经过分析可得出确定数控机床技术特性因素的优先顺序为：E_2、E_3、E_{10}、E_{14}、E_1、E_{11}、E_{12}、E_6、E_5、E_4、E_8、E_9、E_{13}、E_7、E_{15}。分析所得技术特性重要度可用于数控机床产品规划、优化和改进设计，以便更好地满足数控机床产品市场需求。

该实例中，数控机床各技术特性的重要度向量是以复杂箱体为典型工件加工需求转换所得的结果。然而，在实际生产中，数控机床是面向多品种、变批量零件加工的制造装备，加工零件的不同会导致该数控机床的各技术特性重要度的不同。因此，数控机床各技术特性最终重要度向量，需由不同工件加工工艺需求所对应的各技术特性不同重要度向量综合而定。比如当一台数控机床的目标工件为箱体和盖板时，首先计算出箱体类零件加工工艺需求转换所得的各技术特性重要度向量 $\boldsymbol{W}_1$。同样可计算出盖板类零件加工工艺需求转换所得的各技术特性重要度向量 $\boldsymbol{W}_2$。在此基础上，结合多属性决策方法，将两个重要度向量 $\boldsymbol{W}_1$ 和 $\boldsymbol{W}_2$ 合成计算，获得数控机床各技术特性的最终重要度向量 $\boldsymbol{W}$，即 $\boldsymbol{W}=f(\boldsymbol{W}_1,\boldsymbol{W}_2)$，其中 f 为合成计算关系。以此类推，当该数控机床有 n 种类型的目标工件加工需求时，则其各技术特性的最终重要度向量为 n 种类型目标工件加工需求所对应的重要度向量合成计算结果，即 $\boldsymbol{W}=f(\boldsymbol{W}_1,\boldsymbol{W}_2,\cdots,\boldsymbol{W}_n)$，其中，$\boldsymbol{W}$ 为数控机床各技术特性最终重要度；$\boldsymbol{W}_i$ 为第 i 种类型工件加工需求所对应的各技术特性重要度向量，且 $i=1,\cdots,n$；f 为合成计算关系。所以，面向多品种零件加工时，通过上述合成计算，可获得数控机床的各技术特性最终重要度向量，从而在数控机床设计与改造工作中达到更好地满足不同的加工零件工艺需求的目的。

本章小结

（1）针对用户工艺需求、性能需求和技术特性之间的依赖与反馈关系，提出面向制造装备加工工艺与性能需求转换的质量屋依赖与反馈模型，该模型具有考察用户工艺需求、性能需求、产品竞争力、开发成本、售后服务、环境影响等系统性影响因素的特点，有助于制造装备用户工艺与性能需求向技术特性的转换，对制造装备规划和改进设计规范化具有促进作用。

（2）利用 FDEMATEL 方法模糊综合影响矩阵代替 FANP 加权超矩阵，分析了制造装备技术特性综合影响因素，实现了加工工艺与性能需求转换过程中依赖与反馈关系的量化计算，根据结果可对技术特性进行重要度排序；通过 FDEA 方法，输出指标为技术特性、服务，输入指标为产品竞争性、服务、成本、环境等因素情况下，实现了对复杂产品技术特性影响分析，优化了制造装备技术特性最终重要度。

（3）对提出的质量屋依赖与反馈模型、转换方法进行了数控机床工艺与性能需求转换应用验证，结果表明企业设计人员可依据不完备、相互依赖与反馈的用户工艺与性能需求，进行数控机床技术特性优化决策，从而为企业合理规划产品提供了参考依据。

由于制造装备需求转换是涉及较多因素的全局性问题，在用户需求转换设计决策中，除了用户工艺分析和转换过程依赖与反馈性外，尚需考虑成本、环境、服务等指标间的关联性。因此，在质量屋依赖与反馈模型基础上，成本、环境、服务间的关联性有待进一步研究。

第三章

产品布局方案模型

产品布局设计是新产品开发的一个重要环节，该环节需综合考虑产品的性能、结构性、操作维修性等因素，并对产品部件的大致形状、尺度、各部件的空间关系及相对运动关系等进行设计与规划，为产品后续构型设计奠定基础。

由于产品方案设计涉及领域知识、工程师经验和设计规范等因素，目前的三维设计工具难以对产品布局方案智能设计提供有效的支持。本章针对机械产品布局设计智能求解问题，分析了有利于解决机械产品布局问题的布局约束，提出了产品布局位姿图和性能融合模型，表述了空间布局约束和性能约束信息，并结合数控机床产品给出了实例验证。

第一节

布局设计的约束分析

产品布局问题的求解过程，实质就是产品零部件对象之间关系和要求的处理过程。该问题可转化为布局约束求解问题。将机械产品布局问题中的约束进行如下分类。

（1）功能约束　反映机械产品最终要满足的功能，产品的结构性、工作性、安全性及质量等性能要求都属于功能约束。

（2）运动约束　反映机械产品工作时的传动方式、运动形式及驱动方式等。传动方式描述机械产品零部件之间传动力、扭矩和转矩等所采用的运动形式等。运动形式有直线移动、回转运动、连续转动、往复摇摆、间歇转动等。驱动方式包括驱动形式选择、驱动源的布置方式及其数量、位置形式。

（3）形位约束　包括形状约束和位置约束。形状约束指零部件和产品的形状，通常将零部件或产品的几何形状简化为长方体或者圆柱体。位置约束是指在任意瞬时，对产品和零部件位置和方向关系的描述。

（4）拓扑约束　通过各个零部件和产品的尺寸、形状等元素之间的相互关系，反映各个零部件之间的平行、垂直、重合、相切、等距、对齐、共点等位置和邻接信息。

（5）序列约束　在布局设计中，反映零部件的组合和优先放置的顺序。

下面以变速器为例进行布局约束分析。如图 3-1 所示的变速器，其机械传动部分由行星齿轮组构成。变速器行星齿轮组布局应满足三个方面要求：①啮合要求。对布局设计过程中各设计单元间啮合方式的限定和描述。在行星齿轮组中，各齿轮之间采用平行啮合方式。②连接要求。对布局设计过程中各设计单元间连接关系的描述和限定。在变速器行星齿轮组中各齿轮与轴之间采用键联接，属于静态连接；太阳轮和行星轮之间啮合为动态连接。③传动方式要求。使用齿轮传动方式。表 3-1 为齿轮变速机构布局约束分析。

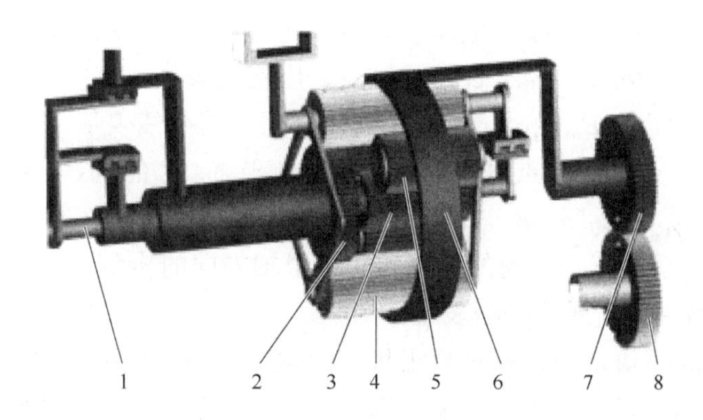

图 3-1　某齿轮变速机构的组成

1—输入轴；2—大太阳轮；3—小太阳轮；4—长行星轮；5—短行星轮；6—齿圈；7—输出齿轮；8—主减速器齿轮

表 3-1　齿轮变速机构约束分析

零件编号	1	2	3	4	5	6	7	8
功能约束	支承传递动力	传递运动	传递运动	传递运动变速	传递运动变速	传递运动	传递运动	传递运动
运动约束	转动	转动	转动	旋转	旋转	转动	转动	转动

续表

零件编号	1	2	3	4	5	6	7	8
形位约束	各齿轮均简化为半径尺寸不同的圆柱体。各齿轮之间满足啮合、连接和传动要求。齿轮组齿轮之间的布置方式可以满足各种传动方案，实现多种换挡传动比变换，达到变速要求。各齿轮采用平行轴啮合，齿轮 2、3 和 6 同轴线。布局序列应采用先主动后从动方案							

第二节 位姿图和性能融合布局模型

一、位姿图模型

1. 基本定义

位姿图 $\boldsymbol{G}$ 定义为一个四元组$<\boldsymbol{V}, \boldsymbol{E}_f, \boldsymbol{E}_{fc}, \boldsymbol{W}>$，记作 $\boldsymbol{G}=<\boldsymbol{V}, \boldsymbol{E}_f, \boldsymbol{E}_{fc}, \boldsymbol{W}>$，该图描述了产品布局模块最大包络盒空间坐标系之间的定序、定位和邻接关系，其中，顶点 $\boldsymbol{V}=\{v_1, v_2, \cdots, v_q\}$，表示布局模块最大包络盒的笛卡儿坐标系，$q$ 为坐标系个数。定位约束和邻接关系表示为图的边，用顶点对表示，如无向边（v_1, v_2）$\in \boldsymbol{E}_f$，有向边$<v_1, v_2>\in \boldsymbol{E}_{fc}$。无向边表示布局模块单元坐标系间的邻接关系，记为 $\boldsymbol{E}_f=\{e_{f1}, e_{f2}, \cdots, e_{fm}\}$，用实线表示；有向边表示坐标系间的位姿关系，记为 $\boldsymbol{E}_{fc}=\{e_{fc1}, e_{fc2}, \cdots, e_{fck}\}$，用实箭头线表示；$\boldsymbol{W}_{ij}$ 为有向边的权重矢量，表示始点坐标系到终点坐标系的位姿调整关系，$\boldsymbol{W}_{ij}=\boldsymbol{w}(i, j)=(x_{ij}, y_{ij}, z_{ij}, \alpha_{ij}, \beta_{ij}, \gamma_{ij})$，其中 $x_{ij}, y_{ij}, z_{ij}, \alpha_{ij}, \beta_{ij}, \gamma_{ij}$ 表示相对于第 i 坐标系，第 j 坐标系在三个方向的位移和绕三个轴方向的转角。

2. 产品结构布局位姿图表述

产品组成模块之间在相对静止状态或相对运动过程中存在某种相对位置和姿态（简称位姿）关系。如果在每个模块上都建立自己的固定坐标系，布局模块之间的位姿关系可转化为坐标系之间的位姿关系。以图 3-1 所示齿轮变速机构为例，齿轮变速机构空间布局中齿轮组坐标系及其相应的位姿如图 3-2 所示，其对应的位姿权重见表 3-2。

表 3-2 坐标系位姿权重

边	位移 x/mm	位移 y/mm	位移 z/mm	转角 α /(°)	转角 β / (°)	转角 γ / (°)
<1, 2>	0	0	0	0	0	0
<1, 3>	0	0	0	0	0	0
<1, 4>	x_4	y_4	z_4	0	0	0

续表

边	位移 x/mm	位移 y/mm	位移 z/mm	转角 α /(°)	转角 β / (°)	转角 γ / (°)
<1, 5>	x_5	y_5	z_5	0	0	0
<1, 6>	0	0	0	0	0	0
<1, 7>	0	y_7	0	0	0	0
<1, 8>	0	y_8	z_8	0	0	0

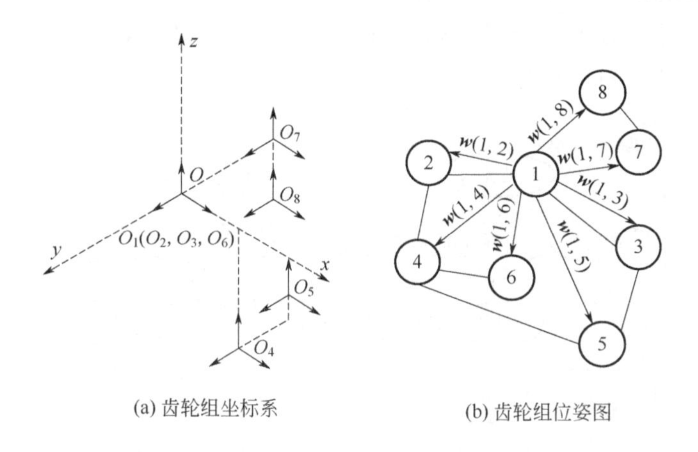

(a) 齿轮组坐标系　　(b) 齿轮组位姿图

图 3-2　齿轮组坐标系及其位姿

二、性能模型

布局设计要充分考虑机械产品设计的各种信息，如尺寸、功能、结构、空间限制等。为了有效地描述产品布局设计中多个方面的约束信息，采用图论和知识模型，构造了产品布局位姿图和性能融合模型。利用多体系统低序体阵列描述布局对象拓扑约束及布局序列；引入位姿图模型，其跨越特征尺寸管理、结构形状构造和三维布局空间的构造等问题表述了概念设计阶段的三维空间布局问题，位姿图将零部件位置约束、相邻关系抽象为一组空间坐标系三个坐标面之间的配合关系，通过坐标系的空间布置，形成以坐标面为基准的概念设计骨架，利用三个不同方向坐标面间的有序关联和配合关系维护表达空间布局设计信息；在性能约束方面，利用机械产品功能集合、运动矢量对功能及运动分配方案进行描述。以上三个方面布局信息的表述有机地融合构成了基于位姿图和性能模型的布局求解方法。该模型基本构造如图 3-3 所示。

对于机械产品设计而言合理的布局形式应满足产品性能需求并符合机械

运动学原理。产品布局设计中性能约束模型为功能和运动方案的知识化模型。该知识化模型构建通过以下映射过程建立：通过对实例结构进行相关分析，根据相应的产品概念、功能定义，得到布局结构参数与产品性能参数约束之间的功能关系和运动分配方案，将这种关系知识化并加以存储，表达为概念设计中的功能需求模型和运动功能模型融合构成的性能模型；通过设计需求和功能需求的映射变换为运动功能模型，获得机械产品的运动方案解。以上映射过程若是一对多的映射，则将有多个方案解。通过该知识模型实现了产品布局设计过程的知识化。

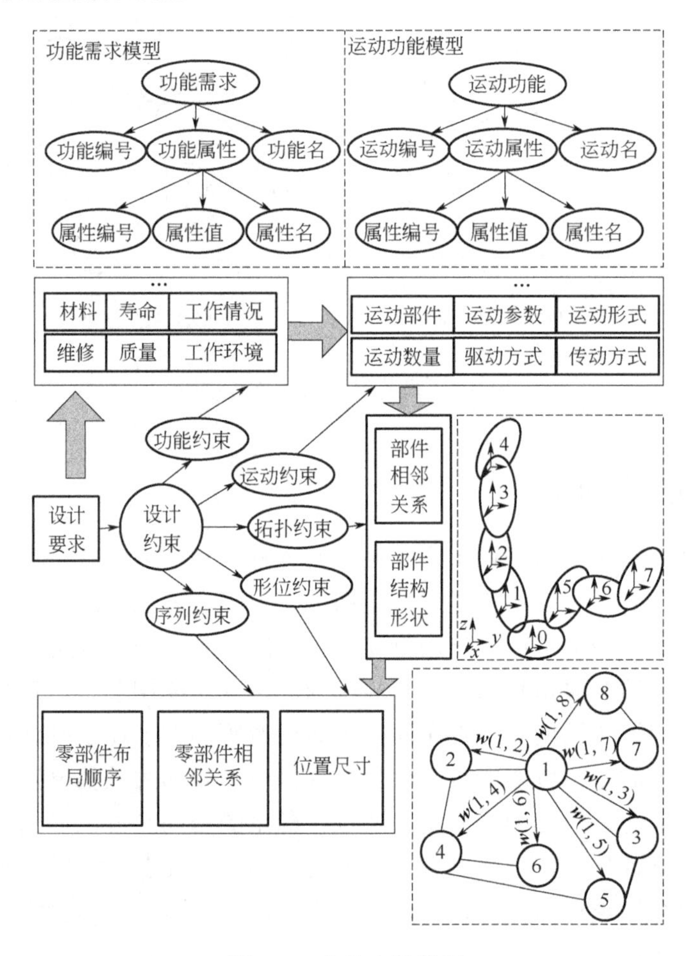

图 3-3　产品布局模型

1. 机械产品功能描述

功能表达产品的设计目的和使用意图。在机械产品设计中，完整的功能描述所涉及的要素包括完成动作或发挥的作用、功能的主体、功能作用的客体。在机械产品功能分析过程中，应根据具体产品的特性定义相应的动词，用于功能描述。

通过功能分析可以建立机械产品的功能结构，即功能模型。机械产品功能结构表达通常有两种方式：功能结构树和功能结构图。通常采用功能集合描述产品功能信息。

以数控机床的机械系统功能分析为例，数控机床的系列、型号繁多，其功能与金属切削加工工艺联系密切，因而不同用途的数控机床其功能相差较大。以通用型数控加工中心为研究对象，通过对大量该类产品功能和结构进行分析，可将数控机床机械系统功能集合表示为 $\boldsymbol{F}=\{f_1, f_2, \cdots, f_3\}$，具体功能表述见表 3-3。

表 3-3　数控机床机械系统功能表述

功能编号	功能名称	功能编号	功能名称
1	切削	8	安装
2	支承	9	换刀
3	传动	10	对刀
4	导向	11	排屑
5	驱动	12	定位
6	防护	13	交换
7	夹紧	14	变换

2. 机械产品运动功能分配

运动功能分配是根据功能需求和工艺要求，分析机械产品所应完成的主要工艺动作，分配产品所完成的主运动和辅助运动，并根据要求确定产品的主要组成模块及其合理的布局组合方式。

以数控机床为例，数控机床是由运动部件（如主轴箱、主轴部件或主轴滑枕、工作台、转台、滑座或床鞍、升降臂、动立柱）和固定部件（如床身底座、固定工作台、固定立柱）组成的。数控机床依据刀具与工件之间的相对运动，加工出一定形状的工件表面。刀具的回转运动为主运动；对于进给运动，其数目的确定、运动的分配及部件的布局是机床方案设计的中心问题。为了完成不同孔面或复杂曲面的工件加工要求，需要采用不同类型的刀具，做不同的表面形成运动，从而形成不同的机床布局。通过对机床所需运动的分析，可以构建刀具及工件的运动功能矢量 $\boldsymbol{M}$=（$X, Y, Z, A, B, C, T, W, G$），其中 X、Y、Z 分别表示沿 x、y、z 轴方向运动的部件，A、B、C 分别表示绕 x、y、z 轴转动的部件，T 表示刀具，W 表示工件，G 表示地基。如图 3-5 所示，数控镗铣床一般有四个进给运动部件，需根据加工要求分配进给运动。如需对工件的顶面进行加工，则机床主轴应布置成立式，在三个直线进给坐标之外，增加一个既可立式又可卧式安装的数控转台或分度工作台，运动分配为 *WCYXGZT*；如需对工件的多个侧面进行加工，则主轴应布置成卧式，同样是在三个直线进给坐标之外再加一个数控转台，运动分配为 *WCZXGYT*，如图 3-4 所示。

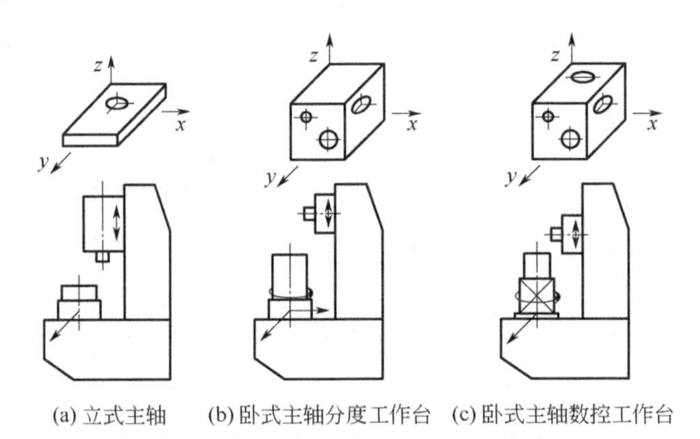

图 3-4　根据加工需要配置进给运动部件

3. 拓扑结构表述

运用多体系统低序体阵列描述产品拓扑结构。在多体系统分析中，把构成拓扑结构的单元称为体，描述体与体关联关系的低序体阵列可通过下列定义的低序体运算得到。

多体系统中任意体 R 的 h 阶低序体定义为

$$L^h(R)=S$$

式中　R，S——任意体；

L——低序体算子；

h——任意体 R 的 h 阶低序体。

图 3-5（b）所示为图 3-5（a）所示的立式机床的多体系统拓扑结构。根据低序体运算公式可以求出任意体的各阶低序体号，得到图 3-5 所示的立式机床的低序体阵列，见表 3-4。

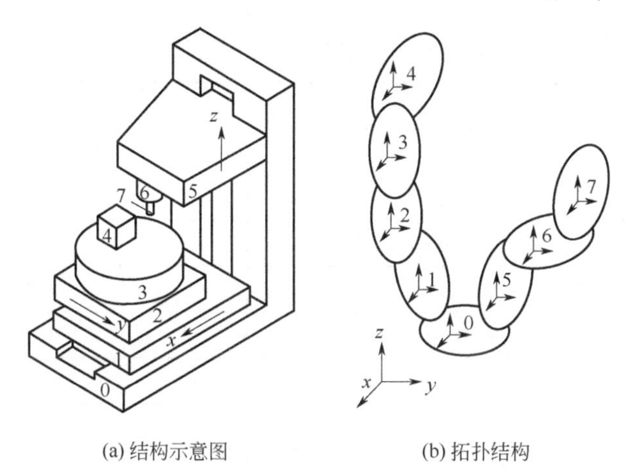

(a) 结构示意图　　(b) 拓扑结构

图 3-5　立式机床结构示意图及其拓扑结构

0—床身；1—横溜板；2—纵溜板；3—平转台；4—工件；

5—主轴；6—摆动头；7—刀具

表 3-4　立式机床的低序体阵列

体 j	1	2	3	4	5	6	7
$L^0(j)$	1	2	3	4	5	6	7
$L^1(j)$	0	1	2	3	0	5	6
$L^2(j)$	0	0	1	2	0	0	5
$L^3(j)$	0	0	0	1	0	0	0
$L^4(j)$	0	0	0	0	0	0	0

第三节　实　例

以某系列数控机床为例进行布局方案设计。该系列数控机床的主要性能参数见表 3-5。图 3-6 为运动分配 *WBXGZYT* 主轴箱中箱布局及其位姿图。表 3-6 为其低序体阵列，其中体编号 j 见图 3-7（a）。表 3-7 为其位姿图权重。表 3-8 列出了满足该性能要求的运动分配方案。表 3-9 为该系列数控机床布局设计方案。图 3-7（a）～（c）为表 3-8 与表 3-9 所描述数控机床布局方案所对应布局设计系统动态生成的另外三种布局示意图。

表 3-5　数控机床主要性能参数

编号	参数名称	取值
1	工作台长 l_1/mm	1250
2	工作台宽 l_2/mm	1250
3	主轴最大转速 n_1/ (r/min)	4500
4	主轴锥孔	ISO 50
5	X 行程 l_x/mm	2000
6	Y 行程 l_y/mm	1400
7	Z 行程 l_z/mm	1800
8	B 行程 b/ (°)	n×360
9	工件类型	模具、叶轮等复杂形状的零件
10	工件最大回转直径 d/mm	1600
11	刀库容量 N/ (把)	60
12	刀柄	ISO 7：24JT50
13	数控系统	SIEMENS 840C
14	交换系统	是
15	防护形式	全防护
16	排屑方式	链板

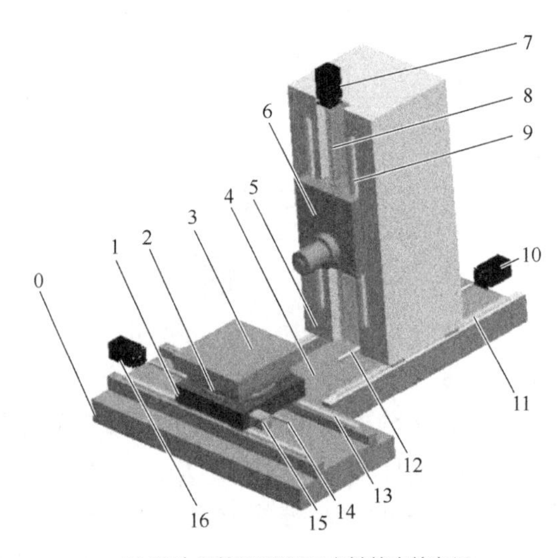

(a) 运动分配$WBXGZYT$主轴箱中箱布局

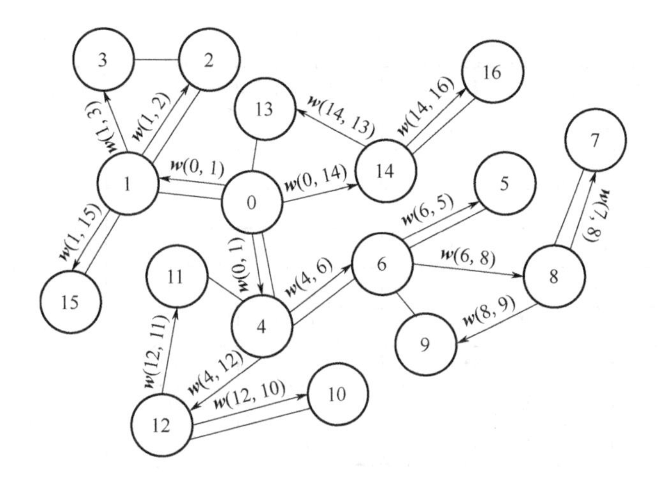

(b) 数控机床位姿图

图 3-6　数控机床布局及其位姿图

0—横床身；1—滑座；2—转台；3—工作台；4—纵床身；5—立柱；6—主轴箱；
7—立柱电动机；8—立柱丝杠；9—立柱导轨；10—纵床身电动机；11—纵床身导轨；
12—纵床身丝杠；13—横床身导轨；14—横床身丝杠；
15—滑座动电动机；16—横床身电动机

表 3-6　数控机床低序体阵列元素

体 j	1	2	3	4	5	6
$L^0(j)$	1	2	3	4	5	6
$L^1(j)$	0	1	2	0	4	5
$L^2(j)$	0	0	1	0	0	4
$L^3(j)$	0	0	0	0	0	0

表 3-7　数控机床坐标系位姿权重

边	位移 x/mm	位移 y/mm	位移 z/mm	转角 α / (°)	转角 β / (°)	转角 γ / (°)
<0, 4>	2000	1800	0	0	0	0
<0, 14>	4000	900	600	0	0	0
<0, 1>	2000	900	700	0	0	0
<1, 2>	0	0	200	0	0	0
<1, 3>	0	0	500	0	0	0
<1, 15>	600	300	0	0	0	0
<4, 5>	0	2500	0	0	0	0

续表

边	位移 x/mm	位移 y/mm	位移 z/mm	转角 α / (°)	转角 β / (°)	转角 γ / (°)
<4, 12>	3800	0	0	0	0	0
<5, 6>	0	1500	1500	0	0	0
<5, 8>	3700	0	0	0	0	0
<8, 9>	0	0	0	0	0	0
<8, 7>	100	0	0	0	0	0
<12, 11>	0	0	0	0	0	0
<12, 10>	0	100	0	0	0	0
<14, 13>	0	0	0	0	0	0
<14, 16>	100	0	0	0	0	0

表 3-8　数控机床运动分配方案

运动方案	x 轴移动部件 X	y 轴移动部件 Y	z 轴移动部件 Z	y 轴回转部件 B	地基 G
WBZGXYT	立柱	主轴箱	工作台	转台	床身
WBXGYZT	工作台	主轴箱	主轴箱	转台	床身、立柱
WBXGZYT	工作台	主轴箱	立柱	转台	床身

表 3-9　数控机床布局方案

参数名称	取值	参数名称	取值
布局形式	卧式	驱动方式	伺服动电机
切削运动	刀具	传动方式	导轨、滚珠丝杠
轴数	四轴		

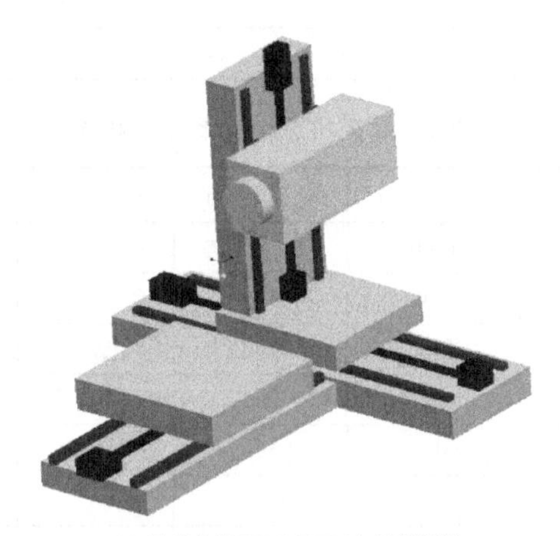

(a) 运动分配*WBZGXYT*主轴箱侧挂

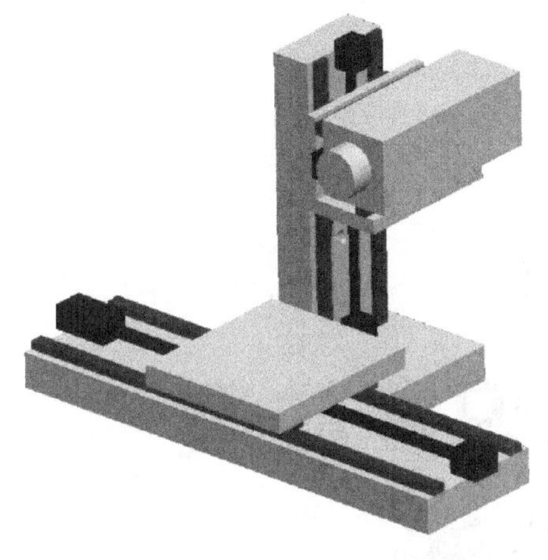

(b) 运动分配*WBXGYZT*主轴箱侧挂

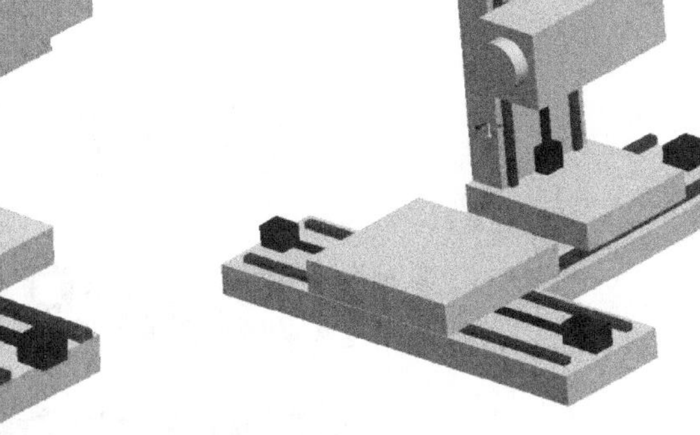

(c) 运动分配*WBXGZYT*主轴箱侧挂

图 3-7　数控机床动态生成布局示意图

本章小结

（1）分析产品布局设计约束，提出了位姿图与产品性能融合的布局设计模型，有效地表达了产品结构空间布局约束与产品功能和运动信息。

（2）给出了机械产品布局设计流程，并在提出融合模型的基础上，通过产品布局设计约束的求解功能，实现了产品布局设计。

（3）二次开发产品布局设计系统，以数控机床布局设计为例说明该方法在实际产品设计中的应用。证明该方法的正确性与实用性，并且有利于实现产品布局设计的自动化和智能化。

（4）本章建立的方法在数控机床设计中得到了应用验证。今后研究重点为丰富产品布局设计系统应用领域，扩展布局模块库，提高产品布局设计的效率。

第四章
产品布局知识多粒度重构方法

布局知识决定了复杂产品的用途和性能，是新产品特征的集中体现和创新的关键。准确地表达产品布局知识，并通过有效的分析与处理技术将其转化为产品设计方案，才能满足客户提出的各种要求，提高制造企业产品开发效率。

在复杂产品布局知识库构建过程中，由于原始布局知识在理解、获取或表达等存在限制，原始布局知识分解中会缺失部分数据，存在不确定性和不完备性，所得布局知识系统为不完备信息系统，同时布局知识属性重要度具有不确定性。一般由专家组评估属性重要度的方法具有很大的主观性，且识别布局知识的主要属性特征存在困难。粗糙集理论能够有效地表达不确定、不精确或模糊的知识，并利用这些不完备的信息推理判断并解决不完备信息系统属性约简问题。证据理论可处理不确定性。采用信任函数作为度量，通过对一些事件的概率加以约束来建立信任函数而不必说明精确的、难以获得的概率。

针对复杂产品布局知识系统不完备性和知识属性重要度不确定性，提出复杂产品布局知识多粒度模型。在布局知识单粒度视角分析中，利用粗糙集理论，给出基于相对知识粒度的布局知识重要度和布局知识属性约简算法。在知识多粒度视角，将基于相对粒度的属性重要度和专家给出的布局知识属性重要度作为证据，建立布局知识属性多源信息系统，借助证据理论 Dempster 合成规则对布局知识属性重要度进行权衡。

第一节 粗糙集理论

经典粗糙集理论由 Z.Pawlak 提出，是处理不确定性和不完备数据的一种强有力的数学工具。粗糙集理论的主要思想是在保留基本知识，同时保证对象分类能力不变的条件下，消除冗余的属性和属性值，最终获得处理问题的决策和分类规则。由于粗糙集处理数据时无需提供额外的先验知识或数据的主观评价，因此其对数据的处理更具有客观性。粗糙集主要侧重于数据之间的不可分辨关系，并通过不可分辨关系实现对集合的划分，以及研究不同类中的对象组成的集合之间的关系。粗糙集理论可以通过数据的约简和规则获得数据间隐含的知识和规律。

一、信息系统

定义 1　给定研究对象 $\boldsymbol{U}$ 是具有若干确定元素的集合，称为一个论域。论域 $\boldsymbol{U}$ 的任何一个子集 $\boldsymbol{X}(\boldsymbol{X}\subseteq\boldsymbol{U})$ 称为论域 $\boldsymbol{U}$ 的一个概念。论域 $\boldsymbol{U}$ 的一个划分 $\{x_1,x_2,\cdots,x_n\}$ 称为关于 $\boldsymbol{U}$ 的知识。

定义 2　如果 $\boldsymbol{U}$ 是论域，$\boldsymbol{S}$ 是 $\boldsymbol{U}$ 上的一簇等价关系，称 $\boldsymbol{K}=(\boldsymbol{U},\boldsymbol{S})$ 是论域上的一个知识库，或者称其为论域 $\boldsymbol{U}$ 上的近似空间。

定义 3　存在论域 $\boldsymbol{U}$ 以及 $\boldsymbol{U}$ 上的一簇等价关系 $\boldsymbol{S}$，如果 $\boldsymbol{P}\subseteq\boldsymbol{U}$，$\boldsymbol{P}\neq\varnothing$，而 $\boldsymbol{P}$ 依然是 $\boldsymbol{U}$ 上的一个等价关系，称它为 $\cap\boldsymbol{P}$ 上的不可分辨关系，用 $IND(\boldsymbol{P})$ 表示，简记为 $\boldsymbol{P}$。

定义 4　决策信息系统 $DIS=(\boldsymbol{U},\boldsymbol{C}\cup\boldsymbol{D},\boldsymbol{V},f)$ 中，$\boldsymbol{C}\cap\boldsymbol{D}=\varnothing$，$\boldsymbol{C}$ 为条件属性集，$\boldsymbol{D}$ 为决策属性集。若 $\boldsymbol{D}=\varnothing$，则称信息系统为数据表；若 $\boldsymbol{D}\neq\varnothing$，则称信息系统为决策表。若决策系统中存在对象的条件属性值为空值，则称该决策信息系统为不完备决策信息系统。

二、信息系统的知识约简

知识约简在数据分析、信息处理上具有不可替代的作用。通常，知识库中的各个知识信息的重要程度均不一样。知识约简的目的与意义就是在不削弱知识库分类能力以及信息数据完整的基础上，去除多余的知识，使知识更有效率。

在粗糙集理论中，知识约简可以分为属性约简和属性值约简。随着信息系统中信息的不断增加，属性约简相对于属性值约简在简化数据结构的复杂度上更有效，能够提高人们对隐藏在复杂数据量下的各种信息的认知程度。

定义 5 设 $\boldsymbol{U}$ 是一个非空有限论域，$\boldsymbol{Q}$ 是定义在 $\boldsymbol{U}$ 上的一个等价关系簇，设 $\boldsymbol{R} \subseteq \boldsymbol{U}$，如果 $IND(\boldsymbol{P}-\boldsymbol{R})=IND(\boldsymbol{P})$，则称关系 $\boldsymbol{R}$ 在 $\boldsymbol{Q}$ 中是绝对不必要的，否则称 $\boldsymbol{R}$ 在 $\boldsymbol{P}$ 中是绝对必要的。

定义 6 设 $\boldsymbol{U}$ 是一个非空有限论域，$\boldsymbol{Q}$ 是定义在 $\boldsymbol{U}$ 上的一个等价关系簇，如果每个关系 $\boldsymbol{R} \subseteq \boldsymbol{Q}$ 在 $\boldsymbol{Q}$ 中都是绝对必要的，则称关系簇 $\boldsymbol{P}$ 是独立的，否则称 $\boldsymbol{Q}$ 是相互依赖的。

定义 7 设 $\boldsymbol{U}$ 是一个非空有限论域，$\boldsymbol{Q}$ 是定义在 $\boldsymbol{U}$ 上的一个等价关系簇，$\boldsymbol{Q}$ 中所有的绝对必要关系组成的集合称为关系簇 $\boldsymbol{P}$ 的绝对核，记作 $CORE(\boldsymbol{Q})$。

定义 8 设 $\boldsymbol{U}$ 是一个非空有限论域，$\boldsymbol{P}$ 和 $\boldsymbol{Q}$ 是定义在 $\boldsymbol{U}$ 上的等价关系簇且满足 $\boldsymbol{Q} \subseteq \boldsymbol{P}$。若 $IND(\boldsymbol{Q})=IND(\boldsymbol{P})$ 且 $\boldsymbol{Q}$ 独立，则称 $\boldsymbol{Q}$ 是 $\boldsymbol{P}$ 的一个约简。$\boldsymbol{P}$ 的所有约简构成的集合用 $RED(\boldsymbol{P})$ 表示。

三、多粒度知识

知识的粒化是一种化繁为简的良好处理问题方式。粒化的主要准则是把较大的粒子模型划分成多个较小的粒子模型，也可以把多个较小的粒子模型合并为较大的粒子模型。

定义 设 $\boldsymbol{S}=(\boldsymbol{U}, \boldsymbol{A}, \boldsymbol{V}, f)$ 是一个信息系统，$\boldsymbol{U}=\{x_1, x_2, \cdots, x_n\}$，$\boldsymbol{U}/IND(\boldsymbol{R})$ 的知识粒度定义为：

$$G[\boldsymbol{U} / \mathrm{IND}(\boldsymbol{R})]=\frac{1}{|\boldsymbol{U}|^2} \sum_{i=1}^{k}|x_i|^2$$

第二节 产品布局设计知识多粒度模型

知识表达过程包括知识获取、归纳、分解等。在复杂产品布局知识的表达过程中，需要按照一定的知识粒度进行布局知识分解处理。复杂产品布局知识具有粒度层次特点，对布局知识进行多粒度分解，以更好地建立布局知识库。

设原始布局知识 $\boldsymbol{K}$ 具有布局知识属性 $\boldsymbol{K}_1,\boldsymbol{K}_2,\cdots,\boldsymbol{K}_n$，且各属性均可分解为 N_{i1}，N_{i2}，…，N_{in}，则分解过程可表达为

$$\begin{aligned}\boldsymbol{K} &= \boldsymbol{K}_1 \cup \boldsymbol{K}_2 \cup \cdots \cup \boldsymbol{K}_n \\ &= \{N_{11},\cdots,N_{1\mathrm{m}_1}\} \cup \{N_{21},\cdots,N_{2\mathrm{m}_2}\} \cup \cdots \cup \{N_{n1},\cdots,N_{n\mathrm{m}_n}\}\end{aligned} \tag{4-1}$$

多粒度分解过程应保证分解准则：布局知识分解，需要考虑知识粒度、产品功能及结构的层次性；分解后的子知识与原布局知识保持语义一致；分解后的子知识的并集应包含布局知识的全部信息。

按照上述分解方法，对数控加工中心布局知识进行多粒度分解。数控加工中心是典型的基础制造装备，影响其总体布局形式的基本因素包括工件表面形成运动，运动分配，工件的尺寸、重量和形状，性能要求，生产规模和生产效率，自动化程度，操纵方便性，工艺范围，制造，维修，运输和吊装的便利等。上述知识属于同一粒度布局知识，而且分别包含各自的子节点，对上述粒度下的布局知识又按照功能、结构、语义一致性等准则进行多粒度分解，不同粒度的布局知识共同组成数控加工中心布局知识的多粒度模型。以表面形成运动知识分解为例：数控加工中心结构布局需实现承载工件和刀具的部件在 3 个轴的移动以及绕 3 个轴的转动。其中，有 3 个移动轴和 2 个转动轴的五轴加工中心的运动组合方案有 2160 种，但是大多数结构布局的可能方案并不合理或难以实现。从运动知识属性角度，假定数控加工中心传动链从工件开始到刀具为止，直线运动以 L 表示，回转运动以 R 表示，具有 3 个移动轴和 2 个回转轴的五轴加工中心的运动组合共有 7 种：*RRLLL*，*LRRRL*，*LLRRL*，*LLLRR*，*RLRLL*，*RLLRL*，*RLLLR*。因此设原始布局知识为五轴联动卧式加工中心。原始布局知识进行多粒度分解：①结构布局形式为卧式；②运动方式为五轴联动，其运动组合为 *RRLLL*。工件固定安装在 A 和 C 双摆工作台上，工作台沿 y 轴移动，横梁沿左右两侧立柱 z 轴移动，主轴滑枕沿 x 轴左右移动。复杂产品布局知识多粒度模型及分解过程如图 4-1 所示。

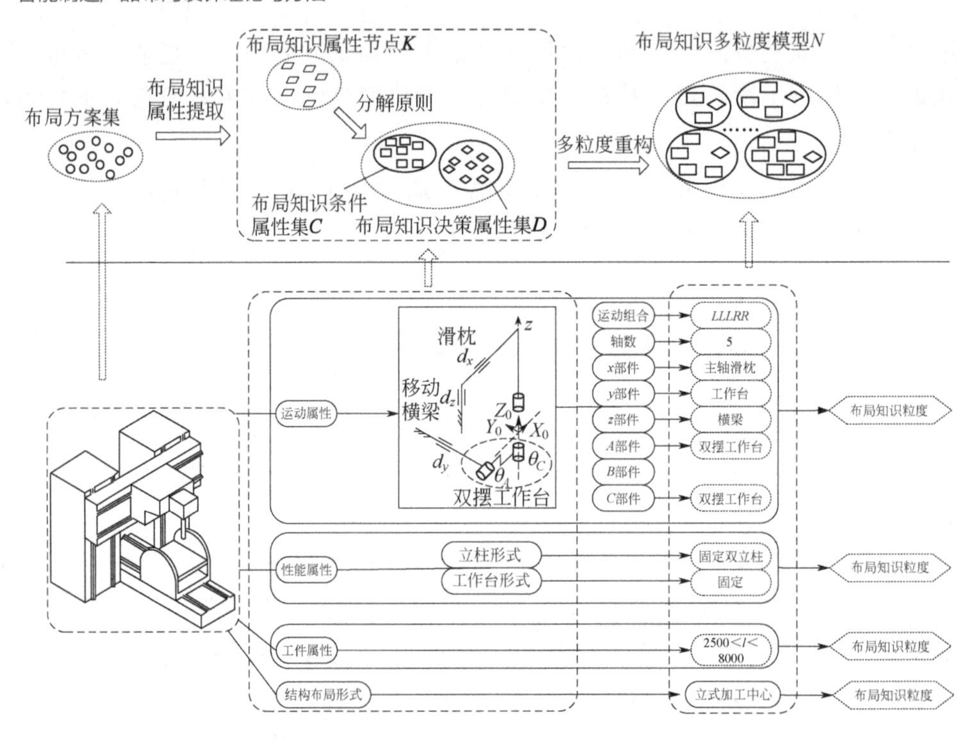

图 4-1　数控加工中心布局知识的层次多粒度模型

第三节 产品布局知识重构方法

一、基于相对知识粒度的单粒度布局知识约简算法

由于复杂产品原始布局知识在理解、获取或表达过程中的限制，会使原始布局知识分解中有部分缺失数据，所得布局知识系统为不完备信息系统。粗糙集是有效处理不完全数据信息的重要模型之一，粗糙集理论中等价关系形式化表示分类。每个等价类为一个知识粒，知识粒度表示等价类的粗细程度，反映信息系统中的分类能力大小。考虑知识分析中的计算效用度，在布局知识单粒度视角，借助粗糙集进行布局知识属性约简。

假设复杂产品布局知识表示为决策系统 $\boldsymbol{S}=(\boldsymbol{U},\boldsymbol{C}\cup\boldsymbol{D},\boldsymbol{V},f)$，其中 $\boldsymbol{U}$ 是论

域，是一个非空有限对象集；$\boldsymbol{C}$ 是条件属性集，即所提取的布局方案知识属性集；$\boldsymbol{D}$ 是决策属性，即结构布局方案形式，则

定义 1　在给定的二元关系 R 下，$\boldsymbol{A}$ 是一个属性子集，记：

$$\boldsymbol{U}/\boldsymbol{A}=\{R_{\boldsymbol{A}}(x)\,|\,x\in\boldsymbol{U}\}=\{X_1,X_2,\cdots,X_m\}$$

式中，$\boldsymbol{R}_A(x)=\{y\in\boldsymbol{U}\,|\,R(x,y)\}$ 是对象 $x(x\in\boldsymbol{U})$ 关于属性集 $\boldsymbol{A}$ 的相似类。

定义 2　设 $\boldsymbol{S}=(\boldsymbol{U},\boldsymbol{C}\cup\boldsymbol{D},\boldsymbol{V},f)$ 为复杂产品布局知识决策系统，$\boldsymbol{U}/\boldsymbol{A}=\{X_1,X_2,\cdots,X_m\}$，则 A 的知识粒度定义为

$$KG(\boldsymbol{A})=\sum_{i=1}^{m}\frac{|X_i|^2}{|\boldsymbol{U}|^2}$$

式中，$|X_i|$为相似类 X_i 的基数；$|\boldsymbol{U}|$为布局方案有限对象集基数。

定义 3　设复杂产品布局知识决策系统为 $\boldsymbol{S}=(\boldsymbol{U},\boldsymbol{C}\cup\boldsymbol{D},\boldsymbol{V},f)$，$\boldsymbol{U}/\boldsymbol{C}=\left\{X_1,X_2,\cdots,X_m\right\}$，$\boldsymbol{U}/\boldsymbol{D}=\left\{Y_1,Y_2,\cdots,Y_n\right\}$，则条件属性 $\boldsymbol{C}$ 相对于决策属性 $\boldsymbol{D}$ 的相对知识粒度为

$$RG(\boldsymbol{C};\boldsymbol{D})=KG(\boldsymbol{C})-KG(\boldsymbol{C}\cup\boldsymbol{D})=\sum_{i=1}^{m}\frac{|X_i|^2}{|\boldsymbol{U}|^2}-\sum_{i,j=1}^{m,n}\frac{|X_i\cap Y_j|^2}{|\boldsymbol{U}|^2}$$

相对知识粒度表示条件属性 $\boldsymbol{C}$ 相对于决策属性 $\boldsymbol{D}$ 的粗细程度。

定义 4　设 $\boldsymbol{S}=(\boldsymbol{U},\boldsymbol{C}\cup\boldsymbol{D},\boldsymbol{V},f)$ 是一个复杂产品布局知识决策系统，$\forall a\in\boldsymbol{C}$，则定义 a 在决策系统中的属性重要度为

$$Sign(a,\boldsymbol{C},\boldsymbol{D})=RG(\boldsymbol{C}-\{a\};\boldsymbol{D})-RG(\boldsymbol{C};\boldsymbol{D})\tag{4-2}$$

若 $RG(\boldsymbol{C};\boldsymbol{D})=RG(\boldsymbol{C}-\{a\};\boldsymbol{D})$，则称条件属性 a 为决策表中不必要的属性，否则称 a 为决策表中必要的属性。

基于相对知识粒度的属性重要度，计算条件属性增加或减少前后相对知识粒度的变化，反映了该条件属性的重要程度。

依据上述相对知识粒度及属性重要度的定义，给出一个自顶向下的布局知识属性约简算法。基本思想为：选择相对知识粒度变化最小的条件属性，若去掉被选中的条件属性后布局决策系统的相对知识粒度保持不变，则可以去掉它，否则保留下来。以此计算每个条件属性去掉后的决策系统相对知识粒度，直到得到一个条件属性子集。该子集中去掉任一个条件属性，

决策系统的相对知识粒度都会改变，则算法结束，该条件属性子集即为所求的布局知识属性约简集。基于相对知识粒度的布局知识属性约简算法具体步骤如下：

步骤（1）计算整个条件属性集 $\boldsymbol{C}$ 相对于决策属性 $\boldsymbol{D}$ 的相对知识粒度 $RG(\boldsymbol{C};\boldsymbol{D})$。

步骤（2）$\boldsymbol{R}:=\boldsymbol{C},\boldsymbol{A}:=\varnothing$。

步骤（3）对所有的 $r\in\boldsymbol{C}$ 计算 $RG(r;\boldsymbol{D})$ 且 $\boldsymbol{A}:=\boldsymbol{A}\cup\{(r,RG(r;\boldsymbol{D}))\}$。

步骤（4）当 $\boldsymbol{A}\neq\varnothing$ 重复，$a\in A$ 满足 $RG(a;\boldsymbol{D})=\min\limits_{a\in\boldsymbol{R}}\{RG(r;\boldsymbol{D})\}$，则 $\boldsymbol{A}:=\boldsymbol{A}-\{(a,RG(a;\boldsymbol{D}))\}$；如果 $RG(\boldsymbol{R}-\{a\};\boldsymbol{D})=RG(\boldsymbol{R};\boldsymbol{D})$ 则 $\boldsymbol{R}:=\boldsymbol{R}-\{a\}$。

步骤（5）计算并输出约简集 $\boldsymbol{R}$ 及其各属性重要度。

二、基于证据理论的多粒度布局知识属性重要度融合

证据理论是一种解决不确定性的推理方法。利用证据合成法所具有的证据融合作用，对布局知识的主观和客观属性重要度进行综合权衡。

假设复杂产品布局知识属性空间可看作一个识别框架 Θ，用来描述构成假设空间所有布局方案属性元素的集合，则 $\boldsymbol{\Theta}=\{A_1,A_2,\cdots,A_N\}$ 是有限个元素的集合且两两之间互斥，其中 N 为布局知识属性的个数。有 n 组证据进行融合，即把每个布局知识属性的 n 个属性重要度视为证据，将各证据对应的基本概率赋值函数 $m_1,m_2,\cdots,m_i$ 分配给 $\boldsymbol{\Theta}$ 中属性 $A_j(j=1,2,\cdots,N)$ 的信度函数 $m_i(A_j)$，则 Dempster 合成公式为

$$m(\boldsymbol{A})=\begin{cases}\dfrac{\sum\limits_{\{A_i\}\cap\{B_j\}=\varnothing}m_1(A_i)m_2(A_j)}{1-K},\forall\boldsymbol{A}\subset\boldsymbol{\Theta},\boldsymbol{A}\neq\varnothing\\ 0,\boldsymbol{A}=\varnothing\end{cases}\tag{4-3}$$

其中 $K=\sum\limits_{\{A_i\}\cap\{A_j\}=\varnothing}m_1(A_i)m_2(A_j)<1$

由式（4-3）得到的 $m(\boldsymbol{A})$ 仍为同一识别框架 $\boldsymbol{\Theta}$ 下的基本信度分配，即融合的结果。K 表示两个信息源的证据冲突程度，若 $K\neq1$，则 m 确定一个基本可信度分配；若 $K=1$，则认为 m_1 和 m_2 相互矛盾，无法对其基本可信度分配进行组合。

复杂产品布局多粒度知识重构算法如图 4-2 所示。

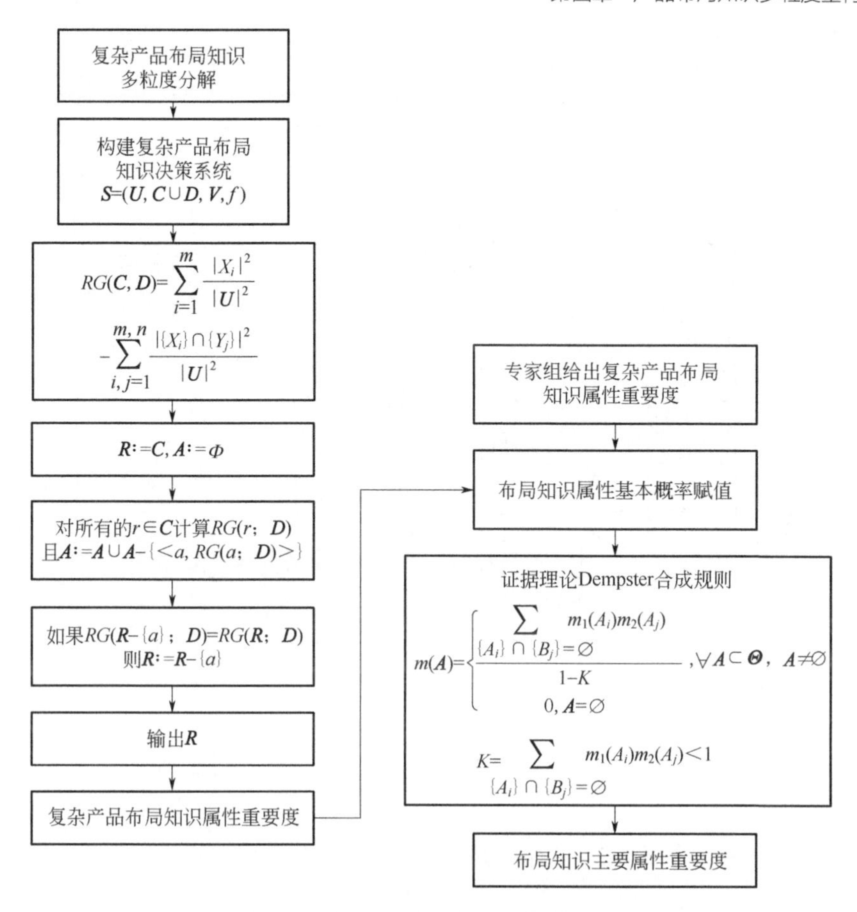

图 4-2　复杂产品布局知识重构算法

第四节　实　例

数控加工中心是典型的基础制造装备，影响其总体布局的基本因素包括工件表面形成运动、运动分配、工件的尺寸、重量和形状、性能要求、生产规模和生产效率、自动化程度、操纵方便性、工艺范围、制造、维修、运输和吊装的便利。归纳汇总现有数控加工中心布局设计方案样本，提取出属性值，如图 4-3 所示。

根据轻量化原则、重心驱动原则、短悬臂原则、近路程原则、力闭环原则，对数控加工中心布局知识进行层次多粒度分解，得到表 4-1 所示的分解结果。

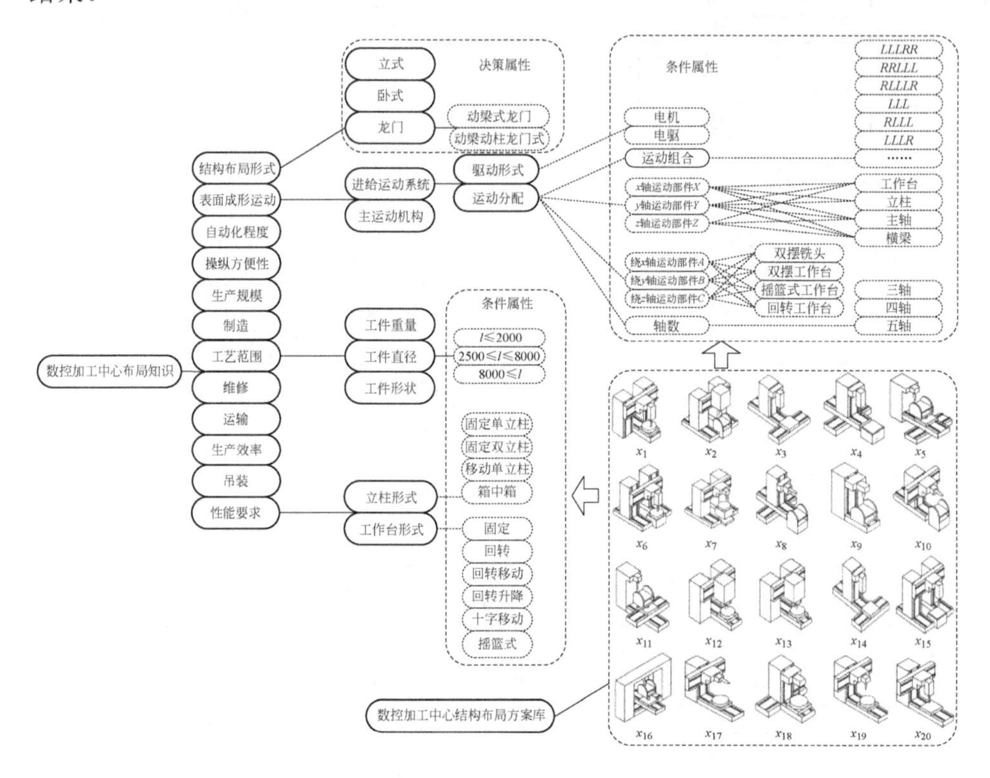

图 4-3 数控加工中心布局知识多粒度分解

表 4-1 数控加工中心布局知识属性值列表

U	c_1	c_2	c_3	c_4	c_5	c_6	c_7	c_8	c_9	c_{10}	c_{11}	D
1	*LLLRR*	5	主轴	横梁	主轴	双摆铣头		双摆铣头	固定双立柱	固定	$2500 \leq l \leq 8000$	动梁式龙门
2	*RRLLL*	5	横梁	主轴	主轴	双摆工作台		双摆工作台	固定双立柱	摇篮式	$2500 \leq l \leq 8000$	立式
3	*RLLLR*	5	工作台	主轴	主轴		双摆铣头	回转工作台	箱中箱	回转	$8000 \leq l$	立式
4	*LLLRR*	5	立柱	立柱	主轴		双摆铣头	双摆铣头	移动单立柱	固定	$l \leq 2000$	立式
5	*RRLLL*	5	工作台	工作台	主轴	双摆工作台		双摆工作台	固定单立柱	回转移动	$l \leq 2000$	立式
6	*RLLLR*	5	主轴	立柱	横梁		双摆铣头	回转工作台	移动双立柱	回转	$8000 \leq l$	动梁式龙门
7	*RLLLR*	5	主轴	立柱	工作台		双摆铣头	回转工作台	移动双立柱	回转升降	$8000 \leq l$	动梁式龙门

续表

U	c_1	c_2	c_3	c_4	c_5	c_6	c_7	c_8	c_9	c_{10}	c_{11}	D
8	*RLLLR*	5	主轴	主轴	主轴	双摆工作台		双摆铣头	箱中箱	摇篮式	$8000 \leqslant l$	卧式
9	*RRLLL*	5	立柱	立柱	双摆工作台	双摆工作台	双摆工作台		移动单立柱	摇篮式	$l \leqslant 2000$	卧式
10	*RRLLL*	5	工作台	立柱	主轴		数控回转工作台	数控回转工作台	移动单立柱	摇篮式	$l \leqslant 2000$	卧式
11	*LLL*	3	工作台	工作台	主轴				固定单立柱	十字移动	$l \leqslant 2000$	立式
12	*LLL*	3	工作台	主轴	主轴				固定双立柱	移动	$2500 \leqslant l \leqslant 8000$	立式
13	*LLL*	3	工作台	主轴	主轴				固定双立柱	移动	$2500 \leqslant l \leqslant 8000$	龙门
14	*LLL*	3	立柱	工作台	主轴				移动单立柱	移动	$\leqslant 2000$	立式
15	*LLL*	3	立柱	主轴	横梁				移动双立柱	固定	$2500 \leqslant l \leqslant 8000$	动梁动柱龙门式
16	*LLL*	3	工作台	工作台	主轴				固定双立柱	十字移动	$2500 \leqslant l \leqslant 8000$	龙门
17	*RLLL*	4	工作台	主轴	主轴		数控回转工作台		固定单立柱	回转	$l \leqslant 2000$	卧式
18	*RLLL*	4	主轴	工作台	主轴			回转工作台	固定单立柱	回转	$l \leqslant 2000$	立式
19	*RLLL*	4	立柱	工作台	主轴			回转工作台	移动单立柱	回转	$l \leqslant 2000$	立式
20	*LLLR*	4	工作台	主轴	主轴		双摆铣头		固定单立柱	移动	$l \leqslant 2000$	立式

基于相对知识粒度的数控加工中心布局知识约简如下。

步骤（1）根据数控加工中心布局知识多粒度模型，得到数控加工中心布局知识系统，构建数控加工中心布局知识决策系统 $\boldsymbol{S}=\langle \boldsymbol{U},\boldsymbol{C}\cup \boldsymbol{D},\boldsymbol{V},f\rangle$，其中论域 $\boldsymbol{U}=\{x_1,x_2,\cdots,x_{20}\}$ 表示数控加工中心设计方案集；$\boldsymbol{C}=\{c_1,c_2,\cdots,c_{11}\}$ 为条件属性集，分别表示布局方案属性特征：运动组合 c_1，轴数 c_2，x 轴运动部件 c_3，y 轴运动部件 c_4，z 轴运动部件 c_5，饶 x 轴运动部件$(A)c_6$，饶 y 轴运动部件$(B)c_7$，饶 z 轴运动部件$(C)c_8$，立柱形式 c_9，工作台形式 c_{10}，工件直径 c_{11}；$\boldsymbol{D}$ 为决策属性，表示数控加工中心结构布局形式。

步骤（2）计算整个条件属性集 $\boldsymbol{C}$ 相对于决策属性 $\boldsymbol{D}$ 的相对知识粒度

$RG(\boldsymbol{C};\boldsymbol{D})=0.855$。

步骤（3）对所有的 $r\in\boldsymbol{C}$ 计算 $RG(r;\boldsymbol{D})$ 且 $\boldsymbol{A}:=\boldsymbol{A}\cup\{r,RG(r;\boldsymbol{D})\}$，计算结果见表 4-2。

步骤（4）当 $\boldsymbol{A}\neq\varnothing$，重复在 $\boldsymbol{A}$ 中选择属性 a 满足 $RG(a;\boldsymbol{D})=\min\limits_{a\in\boldsymbol{R}}\{RG(a;\boldsymbol{D})\}$，$\boldsymbol{A}:=\boldsymbol{A}-\{\langle a,RG(a;\boldsymbol{D})\rangle\}$。如果 $RG(\boldsymbol{R}-\{a\};\boldsymbol{D})=RG(\boldsymbol{R};\boldsymbol{D})$，则 $\boldsymbol{R}:=\boldsymbol{R}-\{a\}$。

根据粗糙集理论对单粒度布局知识属性进行约简后，得到布局知识属性集为

$$\boldsymbol{R}=\{c_1,c_2,c_3,c_4,c_5,c_9,c_{11}\}。$$

表 4-2　各布局知识条件属性相对于决策属性的相对知识粒度

$RG(\boldsymbol{C};\boldsymbol{D})$	$RG(c_1;\boldsymbol{D})$	$RG(c_2;\boldsymbol{D})$	$RG(c_3;\boldsymbol{D})$	$RG(c_4;\boldsymbol{D})$	$RG(c_5;\boldsymbol{D})$	$RG(c_6;\boldsymbol{D})$	$RG(c_7;\boldsymbol{D})$	$RG(c_8;\boldsymbol{D})$	$RG(c_9;\boldsymbol{D})$	$RG(c_{10};\boldsymbol{D})$	$RG(c_{11};\boldsymbol{D})$
0.855	0.125	0.2375	0.2125	0.165	0.335	0.02	0.045	0.0925	0.1625	0.0975	0.3025

根据上述多粒度布局知识属性约简集，计算基于相对知识粒度的布局知识属性重要度，并结合设计人员的设计经验进行证据理论 Dempster 融合评价，见表 4-3，最终确定数控加工中心布局知识主要属性重要度排序为：c_3，c_1，c_4。

表 4-3　数控加工中心布局知识属性重要度 Dempster 合成结果

主要布局知识属性	基本概率函数赋值		Dempster 合成结果
	$Sign(a, \boldsymbol{C}, \boldsymbol{D})$	专家组	
c_1	0.005	0.5	0.0026
c_3	0.015	0.35	0.0053
c_4	0.015	0.15	0.0023

结果表明，构建数控加工中心布局知识库可选择运动组合 c_1，轴数 c_2，x 轴运动部件 c_3，y 轴运动部件 c_4，z 轴运动部件 c_5，立柱形式 c_9，工件直径 c_{11} 等属性特征。其中复杂产品布局设计时可优先考虑 x 轴运动部件 c_3，运动组合 c_1，y 轴运动部件 c_4 等属性值。

另外，还可进行算法的时间复杂度分析。单粒度布局知识属性约简的时间复杂度为 $O\left(\sum\limits_{i=1}^{n}|C_i||\boldsymbol{U}|\right)$，其中 $|C_i|$ 为第 i 个知识粒度的条件属性集基数。

本章小结

（1）针对复杂产品布局设计知识不确定、不完备的特点，提出了复杂产品布局知识多粒度分解与重构方法，可有效地满足产品开发创新设计要求，提高制造企业产品开发效率。

（2）对复杂产品布局知识进行层次多粒度分解，构建复杂产品布局知识不完备决策信息系统。针对单粒度视角布局知识分析过程，利用粗糙集理论，给出基于相对知识粒度的布局知识重要度和布局知识属性约简算法；将布局知识多粒度视角看作多源信息系统，借助证据理论合成规则将布局知识属性进行合成，对布局知识的重要度进行权衡，得到布局知识库主要属性重要度。

（3）对提出的复杂产品布局知识多粒度分解模型与重构方法进行了数控加工中心布局知识重构验证。然而影响复杂产品布局设计方案的因素很多，在实际设计过程中需综合考虑振动、噪声、热变形、刚度、自动化程度、操作性等多方面的布局知识属性，包括连续属性值。因此在今后的研究中进一步完善布局知识库，同时需对考虑布局知识连续性数值决策系统的属性约简方法进行研究。

第五章 产品布局方案生成方法

产品布局方案生成是方案设计向详细设计过渡的重要环节，主要目的是将原理方案进行结构化表达，实现结构的优化与创新。传统布局设计大多局限于空间布局、部件组合优化等，由于缺乏集成产品需求、功能、运动与结构映射的模型，使结构化布局中运动分配、功能载体组合设计的效率低，难以支持结构化布局设计的自动化。针对此，本章首先分析了公理域映射的布局设计过程和复杂产品结构化布局设计约束，从复杂产品原理方案向结构化布局映射角度，提出了复杂产品布局元层次关系网及复杂产品布局多色模型。然后构建了布局元层次关系网；应用多色集合的个人颜色、统一颜色，给出了产品布局元层次关系网的数学描述，形成产品布局多色模型，并提出推理算法；再利用个人颜色、统一颜色之间的围道布尔矩阵推理原理，进行产品结构布局设计过程中功能-运动分配-布局模块之间映射过程的形式化描述，实现了产品结构布局设计的公理化。

第一节 公理化设计理论

公理化设计（Axiomatic Design，AD）理论是麻省理工学院 SUH 教授提出的设计理论。AD 理论将依靠经验和直觉的设计转变为以设计公理为基础的设计，避免了传统的“设计-构造-测试-再设计”的循环过程。AD 的核心概念包括：设计域、“Z”字形映射过程和设计公理。

（1）设计域：公理化设计将设计过程划分为用户域、功能域、物理域和过程域四个设计域。每个设计域包含各自的元素，且在竖直方向上将各设计域划分为不同层级。

（2）“Z”字形映射过程：设计域间的映射过程如图 5-1 所示，其中功能域与结构域间的映射关系称为“Z”字形映射过程，通过式（5-1）来描述。在相同的设计层级上，各功能需求构成功能域中的矢量 $\boldsymbol{F}$，各设计参数构成物理域中的矢量 $\boldsymbol{P}$，$\boldsymbol{F}$ 和 $\boldsymbol{P}$ 间的关联关系通过设计矩阵 $\boldsymbol{A}$ 表示。

$$\boldsymbol{F}=\boldsymbol{A}\boldsymbol{P} \tag{5-1}$$

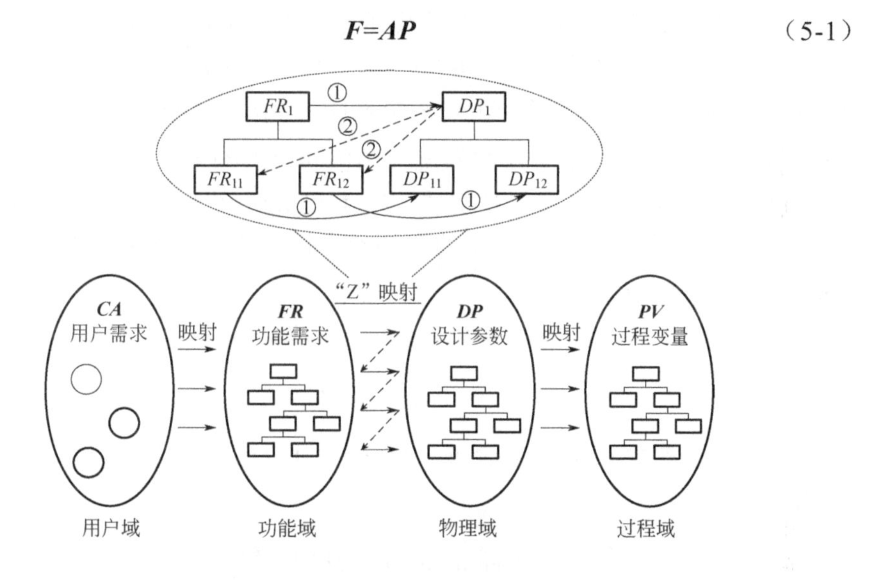

图 5-1　设计域间的映射过程

（3）设计公理：设计公理是产品设计者在产品设计过程中进行功能分解和评价的依据，包括独立公理和信息公理。

● 独立公理：不同的设计矩阵形式将设计分为了耦合设计（功能需求量＞设计参数量）、冗余设计（功能需求量＜设计参数量）和理想设计（功能需求量=设计参数量）三种形式。其中理想设计最合理。

● 信息公理：提供一种评价指标，进而从满足独立公理的方案中选取最优的设计方案。含信息量最少的方案为最优方案，信息量用式（5-2）描述。

$$I=-\sum_{i=0}^{n}\log_2 P_i \tag{5-2}$$

式中，I 为该方案的信息量；n 为方案的属性数；P_i 为产品第 i 个功能需求实现的概率。

第二节 多色集合理论

传统集合表示的是元素的全体，记为 $\boldsymbol{A}=\{a_1,a_2,\cdots,a_n\}$。在多色集合中，集合本身和它的组成元素都能够同时被涂上一些不同的颜色，用以表示研究对象及组成元素的性质，与集合 $\boldsymbol{A}$ 及其每一个组成元素 $a_i(a_i\in\boldsymbol{A})$ 相对应的颜色集合分别为 $\boldsymbol{F}(\boldsymbol{A})$（称为多色集合的统一颜色）和 $\boldsymbol{F}(a_i)$（称为元素的个人颜色），表示为：$\boldsymbol{F}(\boldsymbol{A})=\{F_1(\boldsymbol{A}),F_2(\boldsymbol{A}),\cdots,F_g(\boldsymbol{A})\}$，$\boldsymbol{F}(a_i)=\{F_1(a_i),F_2(a_i),\cdots,F_q(a_i)\}$。$\boldsymbol{F}(\boldsymbol{A})$ 和 $\boldsymbol{F}(a_i)$ 的组成元素分别称为统一颜色和个人颜色。

以多色集合的形式表示对象时，$F_j(\boldsymbol{A})$ 和 $F_j(a_i)$ 分别对应着对象 $\boldsymbol{A}$ 和元素 a_i 的第 j 个性质。多色集合表示的全体元素记为 $\boldsymbol{P}=(\boldsymbol{A},\boldsymbol{F}(a),\boldsymbol{F}(\boldsymbol{A}),[\boldsymbol{A}\times\boldsymbol{F}(a)],[\boldsymbol{A}\times\boldsymbol{F}(\boldsymbol{A})],[\boldsymbol{A}\times\boldsymbol{A}(\boldsymbol{F})])$。

多色集合所有元素的个人着色用布尔矩阵表示为

$$\boldsymbol{B}_{\boldsymbol{A},\boldsymbol{F}(a)}=[\boldsymbol{A}\times\boldsymbol{F}(a)] \tag{5-3}$$

元素个人颜色和多色集合统一颜色之间的相关关系可以用布尔矩阵表示为

$$\boldsymbol{G}_{\boldsymbol{F}(a),\boldsymbol{F}(\boldsymbol{A})}=[\boldsymbol{F}(a)\times\boldsymbol{F}(\boldsymbol{A})] \tag{5-4}$$

多色集合统一颜色和其组成元素之间的相关关系可以用布尔矩阵表示为

$$\boldsymbol{H}_{\boldsymbol{A},\boldsymbol{F}(\boldsymbol{A})}=[\boldsymbol{A}\times\boldsymbol{F}(\boldsymbol{A})] \tag{5-5}$$

第三节 公理域映射的布局方案生成过程

产品结构布局方案设计是一个从功能需求模型、运动功能模型到功能结构布局的映射过程。对用户提出的各种需求，首先要根据相应的功能定义，表达为概念设计中的功能需求；通过功能需求与运动的数学模型映射，求得复杂产品的运动功能方案解。针对产品拓扑规划，提出运动功能的结构载体组合方案，得到一个或多个结构布局方案解。再经过初步的结构设计，得出机械产品基本模块的框架结构形式。机械产品结构布局方案的规划过程如图 5-2 所示，以“功能-运动分配-结构布局”布局规划模式，建立产品结构布局模型。

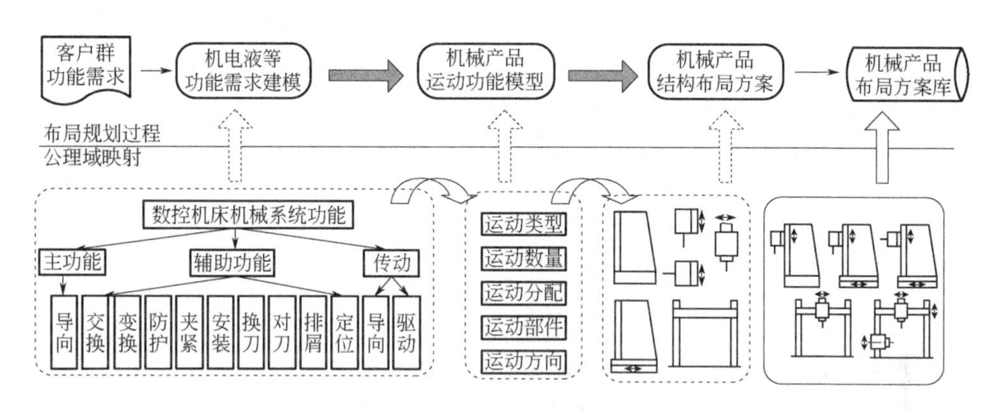

图 5-2　产品布局方案的规划过程

产品布局设计可看成是公理化设计中的一个反复循环映射过程，如图 5-3 所示。它反映了产品设计的一般进程规律，符合产品布局模型信息形成的特点。将产品布局设计中最基本的功能需求模型与产品布局模块之间的映射，扩展为功能域、运动域、布局模块域三个映射域间的反复循环映射关系。若要实现产品总功能，需要分解总功能需求，然后到运动域中选择实现产品功能的运动参数、运动分配方案，再到结构域找到相应的布局模块；若找不到

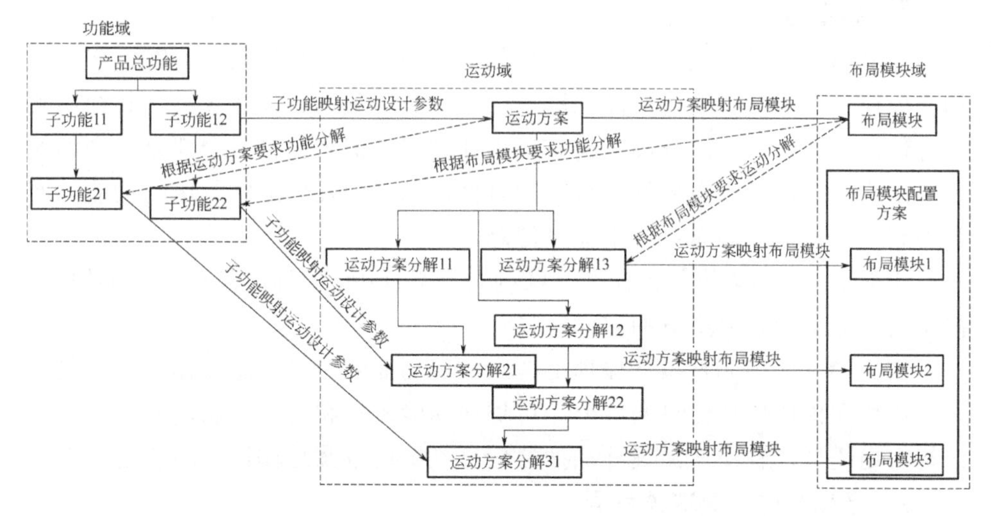

图 5-3　公理域映射的产品布局设计反复循环过程

符合设计要求的布局模块，则依据设计准则、经验以及布局模块属性和约束，分解运动方案；同样经过功能分析，总功能分解成下层子功能，此时设计参数的选择不同则下层功能不同；再次进入运动域，根据子功能来确定该层的运动方案，继续寻找满足该层运动方案的布局模块。如此反复进行，直到所有功能需求得到满足，转化无需进一步分解为止，并在循环过程中利用设计公理判断耦合设计问题，保证设计的合理性。

产品结构化布局设计中功能域-运动域-布局模块域映射关系可用数学方程描述：

$$\boldsymbol{FR} = \boldsymbol{T}_1 \boldsymbol{DP}$$

$$\boldsymbol{DR} = \boldsymbol{T}_2 \boldsymbol{LR}$$

式中，$\boldsymbol{FR}$ 为功能域；$\boldsymbol{DP}$ 为运动域；$\boldsymbol{LR}$ 为布局模块域；$\boldsymbol{T}_1$ 为功能-运动映射关系矩阵；$\boldsymbol{T}_2$ 为运动-布局模块映射关系矩阵。

第四节 产品结构布局多色模型构建及推理

一、产品布局元层次关系网

1. 基本定义

定义 1 产品结构布局是满足功能需求的产品原理结构化方案。产品结构布局模型是指能够描述产品的层次、结构布局关系、设计参数及其约束关系等信息的方法。面向产品结构布局设计的产品信息包括三个部分：产品的布局结构组成信息；布局结构自身的属性信息，如几何形状、运动功能；产品中布局结构之间的布局约束关系信息。

定义 2 布局模块是指在产品结构布局设计中，依据产品构成分类规则，得出的产品结构布局组成的实体要素。

定义 3 布局元是指从原理上考虑实现功能的布局信息载体单元，包括布局模块和模块属性信息两部分。可描述功能需求和约束信息，并建立产品结构布局模型，解决产品设计从抽象信息到结构方案总体设计的表达。

2. 产品布局元层次关系网

（1）布局模块拓扑关系　布局模块拓扑关系是以层次树形式描述产品布

局模块及其拓扑关系的产品模型。布局模块拓扑关系树模型是由一个根节点 P，n 个子节点 d 及其之间的相互关系 $\boldsymbol{R}$ 组成的多元树（$n\geqslant 1$，$\boldsymbol{R}$ 中元素的数量 $N_{\boldsymbol{R}}\geqslant 1$）。根节点 P 表示产品，子节点 d_{ij} 表示产品结构布局设计中的实体要素布局模块。子节点在纵向上反映产品布局模块层次结构关系 $\boldsymbol{R}_1$（$\boldsymbol{R}_1$ 的数量 $N_{\boldsymbol{R}_1}\geqslant 1$），以实线表示；子节点在横向上具有布局模块结构邻接关系 $\boldsymbol{R}_2$（$\boldsymbol{R}_2$ 的数量 $N_{\boldsymbol{R}_2}\geqslant 1$），以虚线表示，如图 5-4 所示。布局模块拓扑关系树模型可表示为

$$\boldsymbol{L}=\{\boldsymbol{P},\boldsymbol{D},\boldsymbol{R}\}$$

其中，$\boldsymbol{D}=\{d_{ij}\,|\,\forall i,1\leqslant i\leqslant n;\forall j,1\leqslant j\leqslant n\}$；$\boldsymbol{R}=\boldsymbol{R}_1\cup\boldsymbol{R}_2\,|\,N_{\boldsymbol{R}}=N_{\boldsymbol{R}_1}+N_{\boldsymbol{R}_2}$。

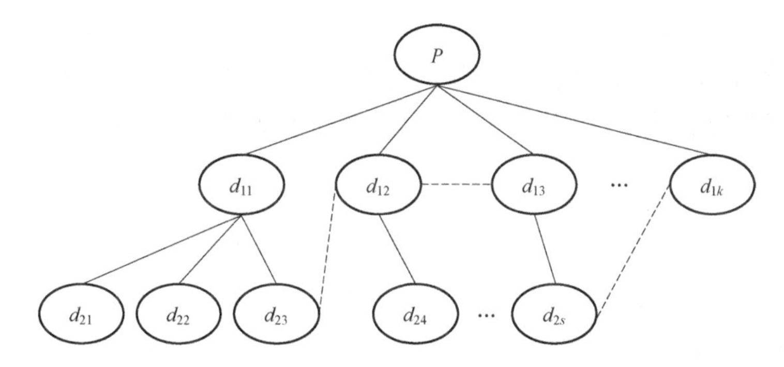

图 5-4　布局模块拓扑关系

（2）布局模块属性关系网　布局模块属性关系网是布局元层次关系网的子网，记为 $\boldsymbol{LC}=\{\boldsymbol{V},\boldsymbol{C},\boldsymbol{E}\}$，其中，$\boldsymbol{V}=\{v_1, v_2, \cdots, v_l\}$ 是模块属性集；$\boldsymbol{C}=\{c_1, c_2, \cdots, c_t\}$ 是属性约束集；$\boldsymbol{E}=\{e_1, e_2, \cdots, e_w\}$ 是映射关系集。

① 布局模块属性　按照产品布局规划过程中功能域的不同，布局模块属性可分为功能属性和运动属性。在布局设计中，功能属性集 $\boldsymbol{F}$ 和运动属性集 $\boldsymbol{M}$ 分别表示为

$$\boldsymbol{F}=\{f_k(i)\,|\,\forall i,1\leqslant i\leqslant r;\forall k,1\leqslant k\leqslant l\}$$

$$\boldsymbol{M}=\{m_k(j)\,|\,\forall j,1\leqslant j\leqslant s;\forall k,1\leqslant k\leqslant l\}$$

式中，n 为布局模块数；r 为与单个布局模块相关的功能属性个数；s 为与单个布局模块相关的运动属性个数。

布局模块属性集 V 可表达为

$$\boldsymbol{V}=\boldsymbol{F}\cup\boldsymbol{M}=\{v_k(i)\,|\,\forall i,1\leqslant i\leqslant r+s;\forall k,1\leqslant k\leqslant l\}$$

② 属性约束　属性约束集 $\boldsymbol{C}$ 是产品布局设计中为了完成所要求的产品最终功能，在功能、运动及模块结构方面存在的限制，因此，可将约束分为功能约束、运动约束及模块结构约束。功能约束包括知识约束和条件约束，知识约束是与设计经验、规范相关的属性值范围；条件约束是根据设计任务说明制订的布局模块之间必须满足的条件。运动约束是布局模块需满足运动要求的表达式。模块结构约束与机械产品的粗略结构相关，表示布局模块的空间位置关系及形状。

属性约束的集合表示为

$$\boldsymbol{C}=\{c_i \mid \forall i,1\leqslant i\leqslant t\}$$

式中，t 为约束个数。

③ 映射关系　映射关系是指公理域循环映射过程中，在设计约束条件下，层次结构的某一层中，功能域-运动域间的映射关系。映射关系集合表达为

$$\boldsymbol{E}=\{e_j \mid \forall j,1<j<w\}$$

④ 布局模块属性关系网　为了表达布局模块与属性约束之间的关系，建立了基于公理域映射的布局属性约束关系网，如图 5-5 所示，约束节点通过边与其他几个节点相关联，表示属性间的约束关系。

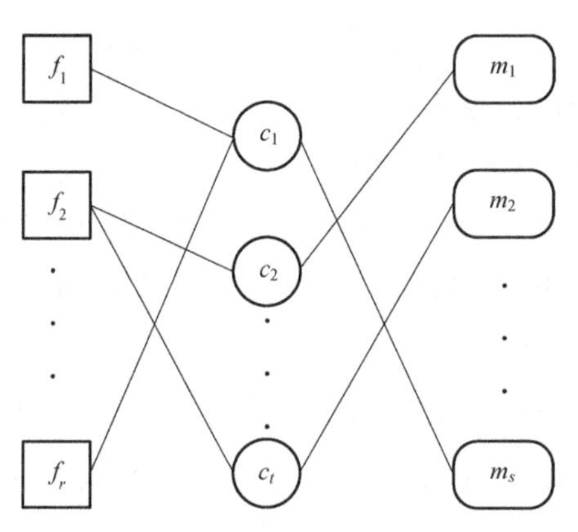

图 5-5　布局属性约束关系网

（3）布局元层次关系网　布局元层次关系网是布局模块拓扑关系和布局模块属性关系网通过运动域-布局模块域间映射关系连接的集成模型，如图 5-6 所示。该集成模型描述了布局约束、属性等布局设计信息及产品功能-

运动-布局模块间的映射关系。

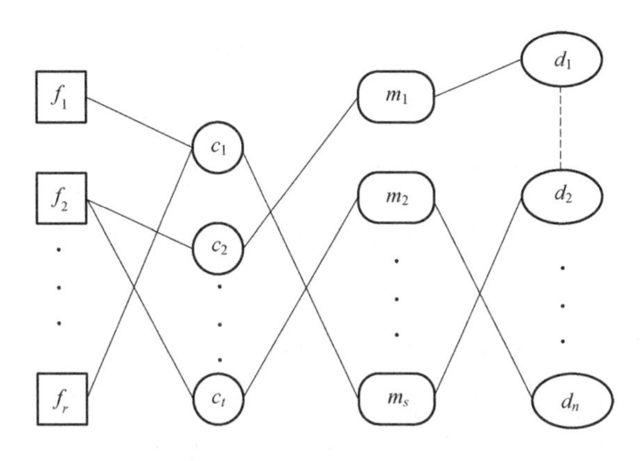

图 5-6　布局元层次关系网

二、产品布局多色模型

采用多色集合对产品布局元层次关系网进行形式化处理，其优势在于：以统一的形式描述了产品结构化布局设计中的功能、运动、布局模块及各自的递阶关系等多方面的信息。若采用已有图论模型对产品结构化布局设计进行描述，需要分别描述功能、运动分配和布局模块的层次结构，而且必须再单独建立集合或关系图来描述它们之间的关系。这种表示方法比较烦琐、不直观。多色集合的围道矩阵推理有利于将产品布局元层次关系网中不同层次的功能-运动-布局模块间的映射关系转化为围道布尔矩阵之间的逻辑运算，从而使功能-运动-布局模块之间的映射关系以及它们属性约束的计算机表达和编程、推理操作变得更加方便。

产品布局多色模型是指利用多色集合的颜色来描述元素与集合之间的关系，能方便地描述产品布局元层次关系网各层产品信息的表达方法，可实现各层之间的映射推理，完成产品布局设计。在布局方案求解过程中，应用多色集合中的个人颜色与统一颜色之间的关系矩阵，逐层推理，得到布局结构层即多色集合元素，组成布局模块生成布局方案，为下一步动态组合生成布局方案提供底层推理基础。

产品布局元层次关系网是一种多色集合。建立多色集合 $\boldsymbol{L}$

$$\boldsymbol{L}=(\boldsymbol{D},\boldsymbol{F}(d),\boldsymbol{F}(\boldsymbol{D}),[\boldsymbol{D}\times\boldsymbol{F}(d)],[\boldsymbol{D}\times\boldsymbol{F}(\boldsymbol{D})],[\boldsymbol{F}(d)\times\boldsymbol{F}(\boldsymbol{D})])$$

产品布局元层次关系网应用多色集合描述为：

① 多色集合的元素就是布局模块，记作

$$\boldsymbol{D}=\{d_1,d_2,\cdots,d_n\}$$

② 多色集合的个人颜色包括各类属性，即功能属性、运动属性，记作

$$\boldsymbol{F}(d)=\{F_1(d_i),F_2(d_i),\cdots,F_g(d_i)\}$$

③ 多色集合的统一颜色是指布局设计阶段考虑的属性之间的联系，即约束，记作

$$\boldsymbol{F}(\boldsymbol{D})=\{F_1(\boldsymbol{D}),F_2(\boldsymbol{D}),\cdots,F_n(\boldsymbol{D})\}$$

以上得到支持公理域的产品结构布局信息的多色集合理论数学表达式。该数学模型将产品结构布局设计关系网及其组成因素、属性及约束之间关系，分别抽象为多色集合及其元素、组成元素性质、组成元素性质与集合整体性质之间的关系，以及组成元素与集合整体性质之间的关系。

图 5-7（a）所示为齿轮变速机构结构，其对应的布局元层次关系网如图 5-7（b）所示，其产品布局多色模型见表 5-1。

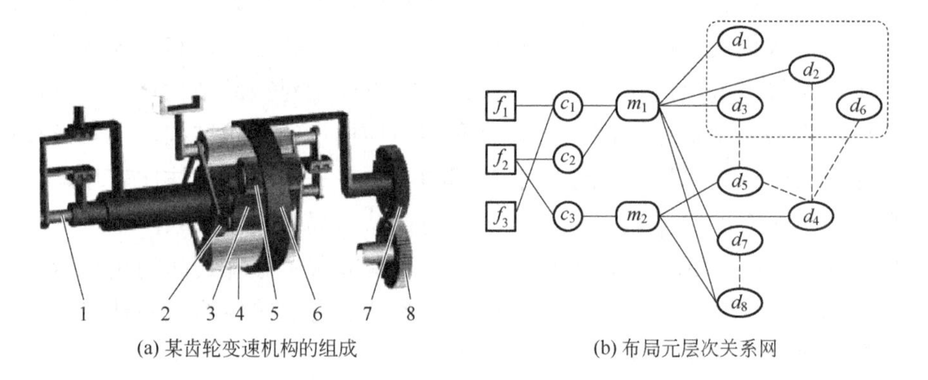

图 5-7　齿轮变速机构及其布局元层次关系网

1—输入轴；2—大太阳轮；3—小太阳轮；4—长行星轮；
5—短行星轮；6—齿圈；7—输出齿轮；8—主减速器齿轮

表 5-1　某齿轮变速机构布局多色模型

项目	集合元素表达	元素描述
元素 $\boldsymbol{D}$	$\boldsymbol{D}=\{d_1, d_2, d_3, d_4, d_5, d_6, d_7, d_8\}$	布局模块集 $\boldsymbol{D}=\{d_1, d_2, d_3, d_4, d_5, d_6, d_7, d_8\}$={输入轴，大太阳轮，小太阳轮，长行星轮，短行星轮，齿圈，输出齿轮，主减速器齿轮}，零件 1、2、3、6 同轴线，零件 2 和 4 啮合，零件 3、5、4、6 啮合，零件 7 和 8 啮合

续表

项目	集合元素表达	元素描述
个人颜色 $\boldsymbol{F}(d)$	$\boldsymbol{F}(d)=\{f_1, f_2, f_3, m_1, m_2\}$	功能属性集 $\boldsymbol{f}=\{f_1, f_2, f_3\}$={支承，传递动力，变速} 运动属性集 $\boldsymbol{m}=\{m_1,m_2\}$={转动，旋转}
统一颜色 $\boldsymbol{F}(\boldsymbol{D})$	$\boldsymbol{F}(\boldsymbol{D})=\{c_1, c_2, c_3\}$	约束集 $\boldsymbol{c}=\{c_1,c_2,c_3\}$={滚动轴承，齿轮啮合，键联接}

三、产品布局方案生成方法

产品结构布局设计推理的最终目的是分析功能需求、运动分配，找出目标产品结构构成的布局模块元素。根据产品功能-运动-布局模块之间的映射关系，借助多色集合围道矩阵，可对结构化布局形式推理进行数学描述，实现产品结构布局设计的公理化。产品布局模块形式化推理算法流程如图 5-8 所示。

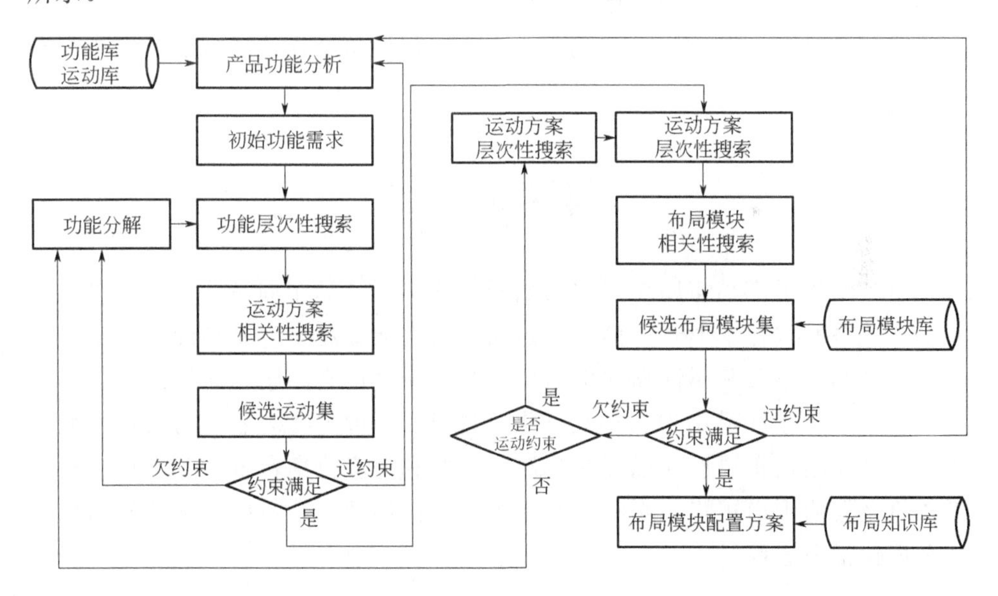

图 5-8　产品布局多色模块形式化推理流程

形式化推理流程具体步骤如下：

步骤（1）分析产品功能，建立产品功能库、运动库。

步骤（2）定义初始功能需求，得到第一层的统一颜色的值，在此用布尔量表示，具有该功能模式，则值为 1，否则为 0。

步骤（3）进行功能层次性搜索，即搜索个人颜色与统一颜色关系矩阵，得到上层的候选运动集。

步骤（4）根据独立性公理，判断运动方案是否满足约束。如果欠约束，推理矩阵进行扩展，即功能分解后转步骤（3）；如果过约束，进一步进行对产品功能分析，补充功能库。约束满足，则进行下一步。

步骤（5）针对步骤（4）得到的候选运动集，进行同层节点相关性搜索，即搜索同层节点间个人颜色与多色集合元素关系矩阵，得到候选布局模块集。

步骤（6）根据独立性公理，判断所有布局模块配置方案是否满足约束。若可选布局模块过多，即约束不足（欠约束），则需要扩展推理矩阵，补充约束。即判断是否欠运动约束，如果是进行运动方案分解后转步骤（5），否则再次进行功能分解后转步骤（3）；若找不到可选布局模块，即过约束，检查产品功能分析是否合理、产品布局模块库是否完善，推理矩阵进行扩展，即运动方案分解后转步骤（5）；如果过约束，进一步进行对产品功能分析，补充运动库。约束满足，则进行下一步。

步骤（7）经过反复循环映射搜索，最终得到符合设计要求的目标产品布局模块配置方案。

本章小结

（1）给出了产品布局元层次关系网，提出了产品布局多色模型，对布局元层次关系网进行了形式化描述。该模型直观地描述了产品功能、运动、布局结构之间关系及其属性和约束信息，有助于表达产品结构布局。

（2）给出了产品结构布局设计中功能-运动-布局结构之间的映射关系，实现了产品结构布局设计过程的公理化。并利用多色集合统一颜色和元素个人颜色之间的围道矩阵，给出了产品布局设计推理算法，描述了结构布局设计公理化推理过程。

第六章

面向造型设计的产品部件分层布局方法

产品的结构布局、功能、使用方式和使用情境很大程度上决定了其形态的主要特征，这些因素也制约了机械领域的工业设计创新与品牌形象构建。造型设计问题在工程领域方面的研究比较薄弱，没有系统的由内部部件到外观的设计思路，尤其是有关结构布局到造型的衔接性设计的研究少之又少。

产品部件布局设计大多属带约束的布局问题，往往采用人工方式来解决该类布局问题，即由布局设计人员按照实际布局要求，通过布局模型或根据设计经验进行试验或摆放，经过多次反复找出可行的布局方案。同时受部件复杂性和布局求解时间的限制，在布局设计中会错过或者未发现一些较好的方案。当布局规模较精密、布局物体形状较复杂、约束条件较多时，人工布局设计效率低。

产品部件布局问题可以看作是具有空间性能约束的布局问题，将大小、体积不同的物体放入到某一个指定大小的空间，部件与部件、部件与空间外围存在着多重约束。将产品部件进行三视图投影，其组成部件可以转换成多个二维几何图元，对部件的二维几何图元之间的相邻和干涉关系、合理性布局进行判断，然后在满足约束关系的情况下，将二维几何图元作为布局图元对产品部件进行分层布局设计。该设计过程考虑了不同布局层与不同部件间多重约束关系两方面因素，以一种从下到上、从内到外的设计思路展开设计。采用三维还原后的关键点对整体外形进行预测，满足体积大小、部件的干涉、相邻关系和合理性的要求，得到产品部件布局方案的优化结果。

第一节 产品部件分层布局模型

一、产品部件分层处理及约束分析

首先对产品部件几何图元的重叠区域进行调整，采用三视图相互转化的方法，对重叠区域进行拆分。以开槽机为例，如图 6-1 所示，主视图中，如液压杆和导轨、电机和传动装置出现重叠关系，可以将液压杆和导轨的位置关系转化到左视图中，这样可以在不影响其投影几何图元大小的情况下，清晰地找到位置关系。电机和传动装置可以转化到俯视图中，亦可清晰地找出其位置关系和约束。将椭圆、圆等几何图形近似成矩形，方便后期数据处理和计算。此外，在同一俯视图上，重叠的部件会影响后期的布局，因此提出分层布局的思想，解决同一视图中部件较多而引起重叠的布局问题。

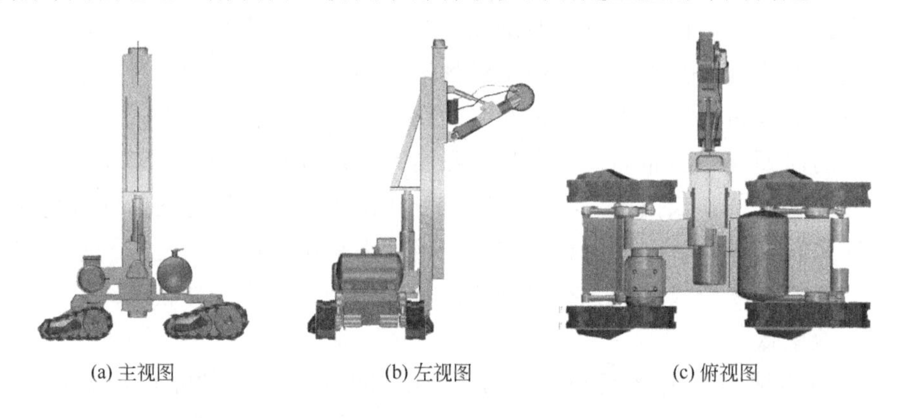

(a) 主视图　　(b) 左视图　　(c) 俯视图

图 6-1　开槽机内部部件三视图

（1）第一层部件模型　将第一层（最底层）的部件进行俯视投影，底层主要部件可近似为二维图形图元，记作 $B_i, i \in \{1,2,\cdots,n\}$。形心可以为各个顶点，即 $Q_i = D_{ik} = (x_i, y_i)$，$x_i, y_i \in \boldsymbol{R}$。$B_i$ 的各个顶点沿逆时针方向分别记为 D_{ik}，$k \in \{1,2,3,4,\cdots,i\}$。矩形的长边 $D_{i1}D_{i2}$ 与 x 轴的夹角为 α_i，$\alpha_i \in [0,2\pi), i \in \boldsymbol{I}_n$，$\boldsymbol{I}_n = \{1,2,\cdots,n\}$ 取逆时针为正方向。平行于 $D_{i1}D_{i2}$ 的向量记作 $\boldsymbol{\alpha}_i = (\cos\alpha_i, \sin\alpha_i)$，则与其正交的向量记作 $\boldsymbol{b}_i = (-\sin\alpha_i, \cos\alpha_i)$。$B_i$ 的长与宽分别为 $2\alpha_{i1}$ 和 $2\alpha_{i2}$（$\alpha_{i1} > \alpha_{i2}$），记作 $\boldsymbol{a}_i = (a_{i1}, a_{i2})$，如图 6-2 所示。

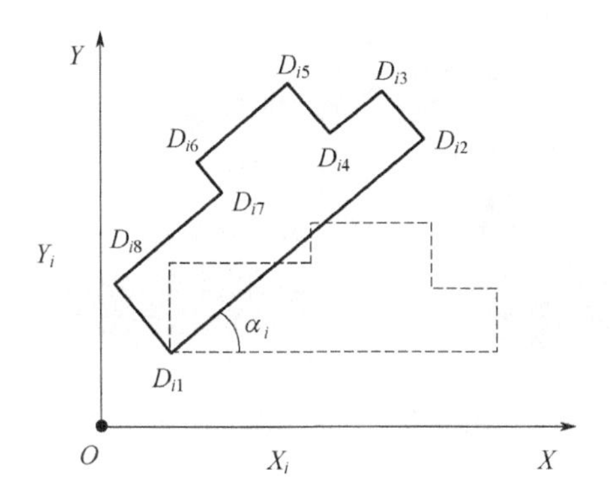

图 6-2　二维布局示意图

根据以上定义，对平面上任意一个矩形的布局采用上述表达，记 $B_i = B_i(Q_i,\alpha_i,\boldsymbol{a}_i)=\{Q_i+\mu_1 a_i+\mu_2 b_i \mid \mu_k \in[-a_{ik},a_{ik}],k=1,2\}$，对于 B_i 边界及内部的点都可以这样表示，因此第 n 个进行布局的部件可以记为 B_i，$i\in\{1,2,\cdots,n\}$。

（2）中间约束层模型　为了上下层间合理进行布局，需要一个预估矩形来满足层与层、部件与部件之间的联系和约束，所以在布局过程中既要注意单层部件间的关系，又要注意各层布局之间的要求。

通过对角线找到最底层部件俯视图的重心位置 Q_1，找出一个预估矩形 B_D，根据重心位置 Q_1 确定预估矩形的位置，然后依次输入预估矩形 B_D 四个顶点的固定坐标，即 $D_{ik}=(x_i,y_i)$，$x_i,y_i\in\boldsymbol{R}$，$k=1,2,3,4$，得到预估矩形。满足面积 $S_{中}=3S_1/5$，且预估矩形的重心与底层部件俯视图重心基本重合。

（3）第二层部件模型　每一个部件的布局记作 $f_i=(x_i,y_i,\alpha_i)$，$i\in\{1,2,\cdots,n\}$，则 $\boldsymbol{F}=(f_1,f_2,\cdots,f_n)$ 为每一层布局方案。所以在第一层布局完成后，需要在中间约束层（预估矩形）内开始第二层布局。第二层中有三个部件参与布局，对这三个部件 $B_i=B_i(Q_i,\alpha_i,\boldsymbol{a}_i)$，$i\in\{1,2,3\}$，形心为四个顶点即 $Q_i=D_{ik}=(x_i,y_i)$，$x_i,y_i\in\boldsymbol{R}$，$i\in\{1,2,3\}$。对其形心 Q_i 的位置进行精确约束，使部件的布局范围约束在预估矩形内。第二层的三个部件在预估矩形内会找到一个最优外矩形包络，即完成第二层部件的布局。产品部件分层布局如图 6-3 所示。

二、布局约束分析

产品部件分层布局时主要约束有形位约束、功能约束、运动约束、序列约束。

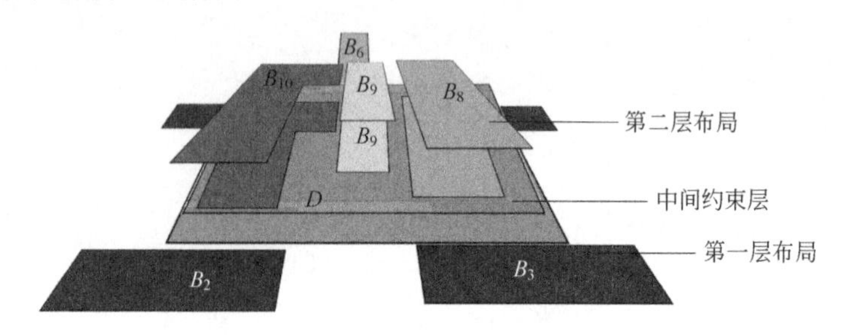

图 6-3 产品部件分层布局

1. 形位约束

形位约束包括形状约束和位置约束。形状约束指零部件和产品的形状，通常将零部件简化为几何图元。位置约束是指在布局的同时，对产品和零部件的位置和方向关系进行的描述。进行分层布局时，形位约束关系为干涉和相邻。

（1）干涉 平面上任意一个矩形图元都有确定的颜色，r 为红、g 为绿、b 为蓝等。存在于矩形区域边界以及内部的点可表述为 B_i，每个点所在区域都有自己的像素值。像素值一样的所有的点为 $\mathrm{int}B_i$，记为 $\mathrm{int}\,B_i = B_i(A_i, \alpha_i, a_i) = \{A_i + \mu_1 a_i + \mu_2 b_i \mid \mu_k \in (-a_{ik}, a_{ik}), k = 1,2\}$。若所组成的图形存在交集，则各矩形间的重叠面积存在新的颜色区域，记点 $s(B) = [r \;\; g \;\; b]/255 = s(\{B_i\} \cap \{B_j\})$，集合 $\boldsymbol{\Psi}$ 所形成的面积 $S(\boldsymbol{\Psi})$ 用于表示 $\{B_i\}$ 与 $\{B_j\}$ 间的干涉面积，干涉程度变大，面积也随之变大。$S(\boldsymbol{\Psi}) = S([r \;\; g \;\; b]/255) = s(\{B_i\} \cap \{B_j\})$ 若 $\mathrm{int}\,B_i \cap \mathrm{int}\,B_j = \varnothing (i \neq j, i, j \in \boldsymbol{I}_{n+m})$ 成立，则说明两个矩形之间是不干涉的。

（2）相邻 某个矩形内部的点为 $\{B_i\}$，另一矩形内的点为 $\{B_j\}$，两矩形都有相应的颜色像素值。在 RGB 颜色搭配中，两个不同颜色重合就会出现一种新的颜色，即干涉区域为目标区域内点的像素值 $s(B) = [r \;\; g \;\; b]/255 = s(\{B_i\} \cap \{B_j\})$ 反之目标区域的颜色 $s(B) = [r \;\; g \;\; b]/255 = s(\{B_i\}) \cup s(\{B_j\})$ 即为相邻，如图 6-4 所示。

矩形间的相邻度计算步骤如下：

步骤（1）输入点 B_i 为某矩形内的点，其像素值为 $s(B_i) = [r \;\; g \;\; b]/255$。

步骤（2）判断目标区域内所有颜色的 RGB 像素值是否满足 $s(B) = [r \;\; g \;\; b]/255 = s(\{B_i\}) \cup s(\{B_j\})$，如满足即为相邻，则终止；否则执行步骤（3）。

步骤（3）计算 B_i 的像素值是否满足 $s(B) = [r \;\; g \;\; b]/255 = s(\{B_i\} \cap \{B_j\})$，如果满足，即为干涉。

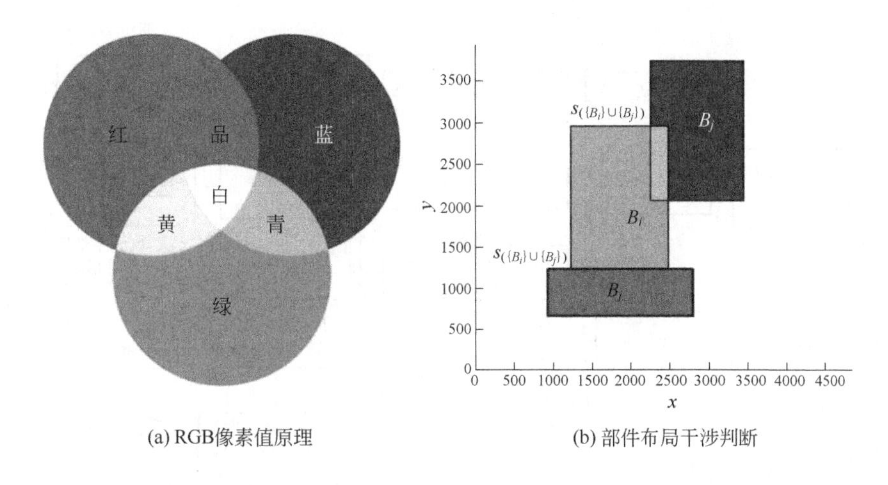

(a) RGB像素值原理

(b) 部件布局干涉判断

图 6-4　RGB 像素值原理图及部件布局干涉判断

2. 其他约束

（1）功能约束　产品最终要满足用户对功能的要求，以及产品主要功能和附加功能的主次关系约束。开槽刀头为主要功能，其他部件所提供的都是服务开槽的附加功能。

（2）运动约束　产品工作时的传动方式、运动形式及驱动方式等的约束，包括动力源给各个部件提供动力，设备上运动部位（如导轨、履带）的运动信息等。

（3）序列约束　指在布局设计中，对零部件组合和优先放置顺序的约束。

参与布局的部件之间需要考虑功能约束、运动约束、形位约束、序列约束，满足改进设计和布局优化的要求。

第二节　分层布局方案生成方法

一、分层布局求解过程

确定各个部件数学模型，完成每一层所属部件在所在层的布局，同时满足部件间和各层之间的约束关系，指导布局优化设计。具体操作流程如图 6-5 所示。

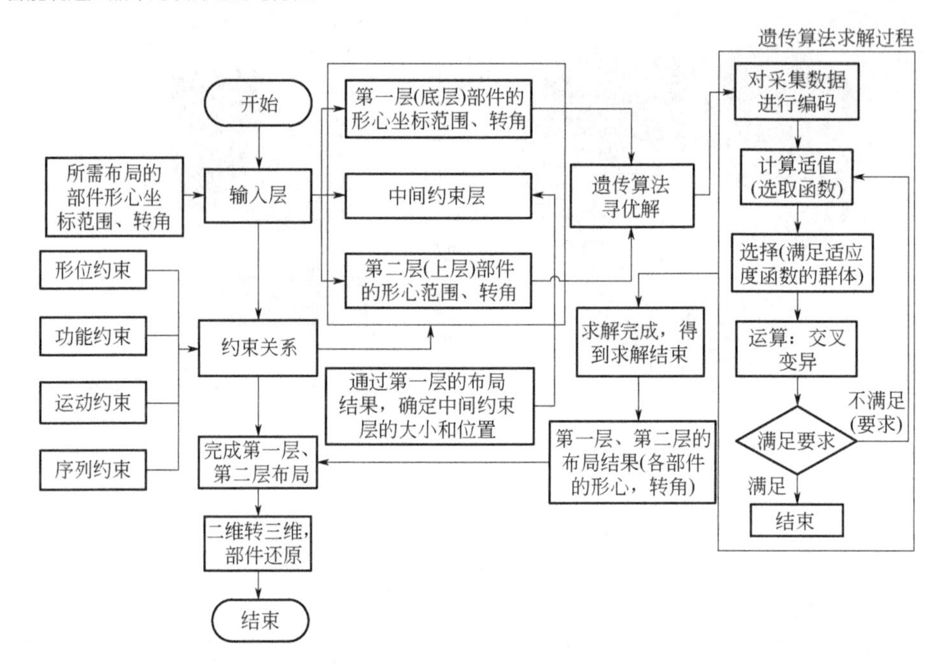

图 6-5　分层布局求解过程

按照由下到上的顺序，依次对产品部件进行分层，按照一定的约束条件和布局要求，对每一层进行合理布局。各层部件之间存在约束，所以在布局过程中既要注意单层部件间的关系，同时又要满足各层布局之间的要求。

首先输入第一层各个部件的顶点坐标值（形心坐标值）、长宽以及转角 α_i。用遗传算法得到输出层为第一层的最小外包面积 $A(s)$ 和理想的布局结果。

完成第一层部件布局后，为第二层部件布局找到预估矩形，通过预估矩形约束上下层间的关系。按照第一层的重心位置与预估矩形重心位置一致、外包矩形上小下大的方式求解得知预估矩形。此外考虑约束关系中的形位约束，应用 RGB 三色法对部件间的相邻和干涉进行判别，另外还要考虑功能约束、运动约束和序列约束辅助布局。

最后输入第二层各个部件的顶点坐标值（形心坐标值）、长宽以及转角 α_i。同样采用遗传算法得到输出层为第二层的最小外包面积 $A(s)$ 和理想的布局结果，得到第二层每个部件的位置坐标和合适的转角。

二、遗传算法求解

每一层布局过程均为：进行多次采点，对满足要求的接近预想效果的布局方案进行第二次采点。通过对二次采点后得到每个二维图元的顶点坐标值

（形心坐标值）以及转角α_i，输出层为总体的最小外包面积 $A(s)$。然后应用遗传算法在当前所取的方案中找到局部最优解。遗传算法采用轮盘赌注法选择个体。所求的都是每一层的面积最小值，即采用的方法是 $\min f(x) = \max g(x) = \max\{-f(x)\}$，其中函数 $g(x) = -f(x)$。采用实数编码，在个体的第 $k(1 \leqslant k \leqslant n)$ 个分量的定义区间 $[l_k, u_k]$ 中均匀随机地取一个数 v_k' 代替 v_k，以得到 z。也可以先确定一些较小的区间 $[-A_i, A_i]$，$i = 1, 2, \cdots, n$。对 v_k 变异时均匀随机地在 $[-A_k, A_k]$ 中取一个数 y，并令 $v_k' = v_k + y$。这里 A_k 成为变异域，一般取区间 $[l_k, u_k]$ 长度的某个百分比，这里取 $A_k = 0.1(u_k - l_k)$。

下一步完成两层的部件布局后，根据层与层之间、部件之间的约束，对其进行三维重构，验证其布局的合理性。

第三节 产品分步造型设计

基于产品内部部件分层布局方案，产品造型设计包括初级造型、基本造型、细节造型、完全造型等。产品分布造型设计流程为：对布局完成的部件进行摆放和固定，处理好其结构和摆放位置；将内部部件罩在真空袋中，借助真空泵将袋中空气抽出，使袋的内壁膜与内部部件紧密贴合，以此获得产品的初级造型；获得初级造型后，通过 3D 扫描将初级造型导入到三维软件中，应用曲线控制法和造型特征化方法，对点、线进行优化处理，进而调整初级模型，从而获得基本造型；再通过内部部件和外设部件的连接关系和造型布局三原则，进行第二次调整，得到细节造型；最后考虑其配色和材质，完成造型的最后定型，即完全造型。

一、产品造型设计

由于产品内部部件由多个规则和不规则的简化几何体组成，在内部布局完成后，部件之间的位置和组合受一定约束关系限制，在空间中，通过其内部结构来进行外部造型设计难度较大，真空法可以快速搜索内部结构所对应的外部造型。

1. 基于真空法的初级造型设计

真空法是借助真空负压，将水或空气从密闭空间内抽出，同时使包裹膜与膜内部物品紧密贴合，用膜来快速搜寻部件形态的一种设计方法。用真空法取得的包裹膜造型为初级造型形态。真空法具有紧贴内部部件、模糊搜寻设备或产品外壳造型特征、节约空间、减少材料浪费等特点，抽真空过程演示如图 6-6 所示。

真空法获取初级造型步骤如下：

步骤（1）对布局完成的部件进行去锐角处理，对暴露在外头的尖锐的棱角用泡沫或布进行包裹，避免这些暴露的尖锐棱角划破真空袋，造成漏气。

步骤（2）将布局完成的部件置于真空袋中，然后在袋口装上真空泵。

步骤（3）开启真空泵，进行空气抽取。当真空袋紧贴内部部件时，放缓抽真空过程，真空袋的局部会继续收缩，使其与部件贴合更合理。

步骤（4）关闭真空泵，采用热封的方式封住吸气口，对罩在部件外头的真空袋进行取点和测量。

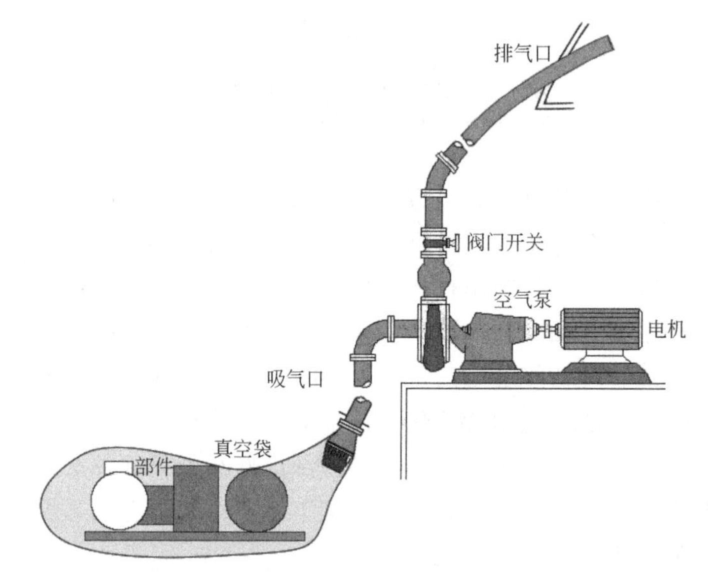

图 6-6　抽真空过程演示

2. 基于曲线控制法的造型优化

对于形态较简单的产品造型，一般用 B 样条曲线描述。首先确定出产品形态关键点的坐标，然后通过关键点拟合造型曲线。通过抽真空内部结构获取形态关键点，内部部件的布局结果影响外部形态关键点，造型的原始形态（轮廓）与内部结构密切联系。

曲线上控制点的多少对曲线的基本趋势影响不大，从图 6-7 可以看出，决定曲线趋势变化的不是所有的控制点，而是少数关键控制点。因此，只需对这些关键控制点的曲率进行调整，即可实现曲线的变化，进而对初级造型进行调整。

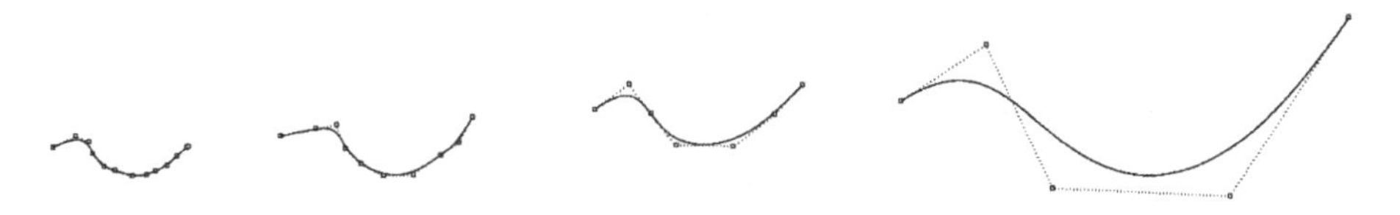

图 6-7　曲线和曲线控制点

曲线的控制点越多，曲线越复杂，曲线的外切圆的半径会越大，内切圆半径也随之增大，曲率越小，具体如图 6-8 所示。曲率半径跟曲率成反比，曲线变化幅度的大小与曲率相关。

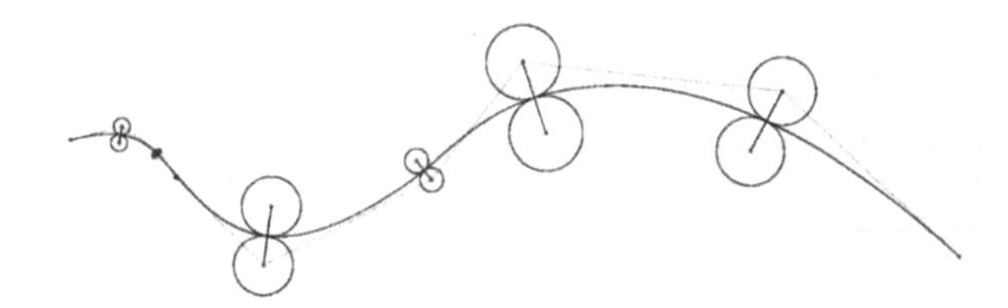

图 6-8　曲线的曲率演示

曲线上点集为 $\boldsymbol{P}(i)$，$\boldsymbol{P}^f(i)$、$\boldsymbol{P}^b(i)$ 分别为介于 $\boldsymbol{P}(i)$ 前后的点集，以 $\boldsymbol{P}(i)$ 为支承圆心，半径为 R 的圆内的点 $\boldsymbol{P}^f(i)$、$\boldsymbol{P}^b(i)$ 都在曲线上。

$\boldsymbol{P}^f(i)$、$\boldsymbol{P}^b(i)$ 分别为：

$$\begin{cases} \boldsymbol{P}^f(i) = \left[x^f(i), y^f(i)\right] = \left[\sum\limits_{j=i-R}^{-1} \dfrac{x(j)}{R}, \sum\limits_{j=i-R}^{-1} \dfrac{y(j)}{R}\right] \\ \boldsymbol{P}^b(i) = \left[x^b(i), y^b(i)\right] = \left[\sum\limits_{j=i+1}^{i+R} \dfrac{x(j)}{R}, \sum\limits_{j=i+1}^{i+R} \dfrac{y(j)}{R}\right] \end{cases} \tag{6-1}$$

$\boldsymbol{P}^f(i)$ 与 $\boldsymbol{P}(i)$ 及 $\boldsymbol{P}(i)$ 与 $\boldsymbol{P}^b(i)$ 构成向量的方向角分别为：

$$\begin{cases} \theta^f(i) = \arctan\{[y(i) - y^f(i)]/[x(i) - x^f(i)]\} \\ \theta^b(i) = \arctan\{[y^b(i) - y(i)]/[x^b(i) - x(i)]\} \end{cases} \tag{6-2}$$

利用式（6-2）中的 $\theta^f(i)$、$\theta^b(i)$ 定义曲率角为：

$$\theta(i) = \theta^b(i) - \theta^f(i)$$

图 6-9 所示为曲率角的示意图，曲率角的大小和轮廓点的曲率成正比，$\theta(i)$ 越大，曲率越大，反之亦然。

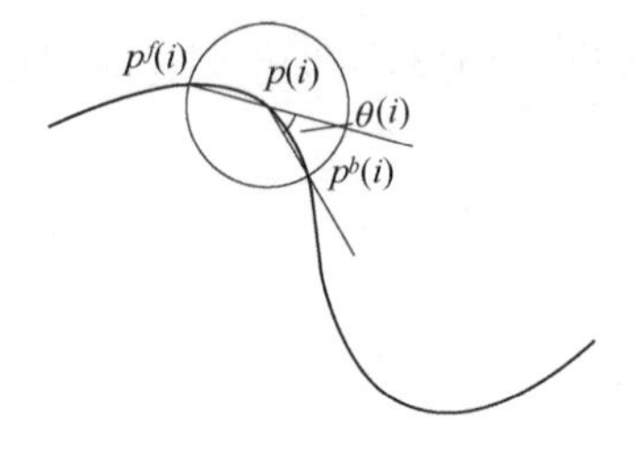

图 6-9　曲率角的示意图

通过 3D 打印和 3D 扫描获取特征点和特征线，然后运用曲线控制法进行曲线的调整和优化，具体流程如图 6-10 所示。

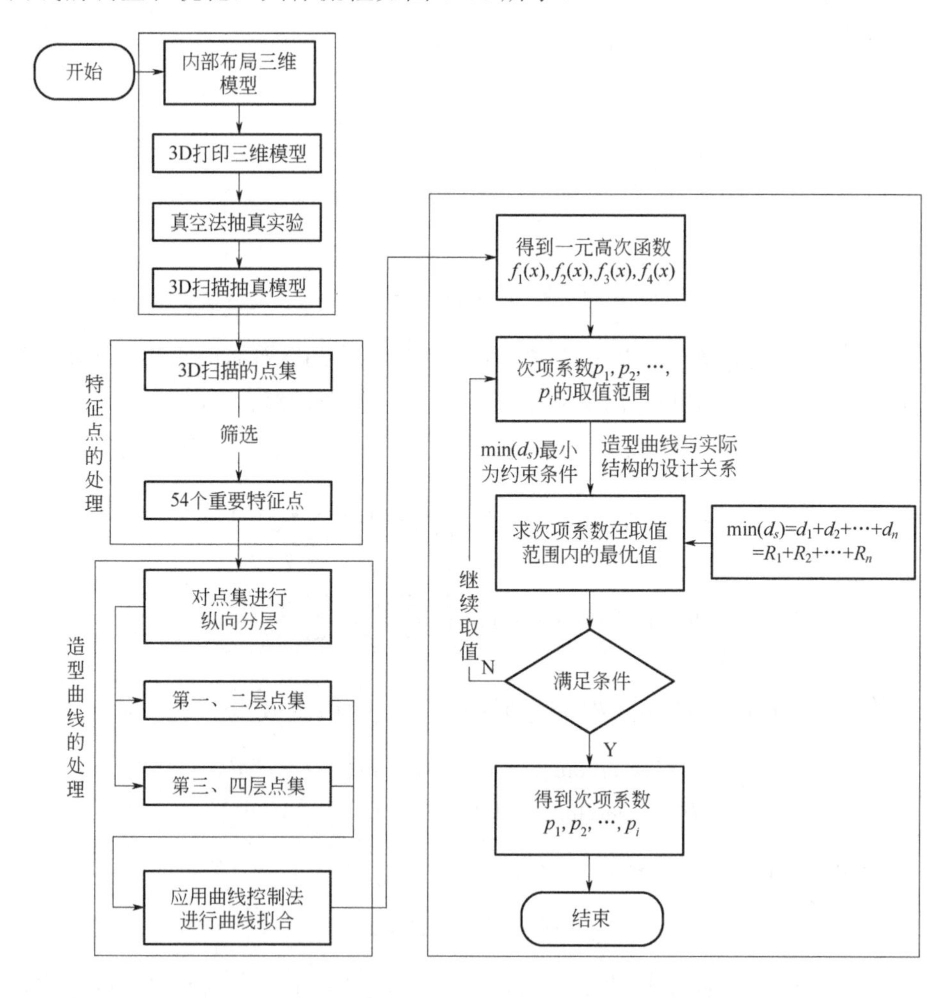

图 6-10　曲线控制法的造型特征曲线优化

二、产品造型设计流程

将整个造型设计过程分成四个造型阶段，即初级造型、基本造型、细节造型、完全造型。通过真空法和曲线控制法，对造型的前两个阶段进行优化和调整。再结合造型设计特征化要求和内部部件与外设部件的联系，将基本造型进行第二次优化和调整。最后考虑材质和色彩的选择，完成最后的完全造型，具体流程如图 6-11 所示。

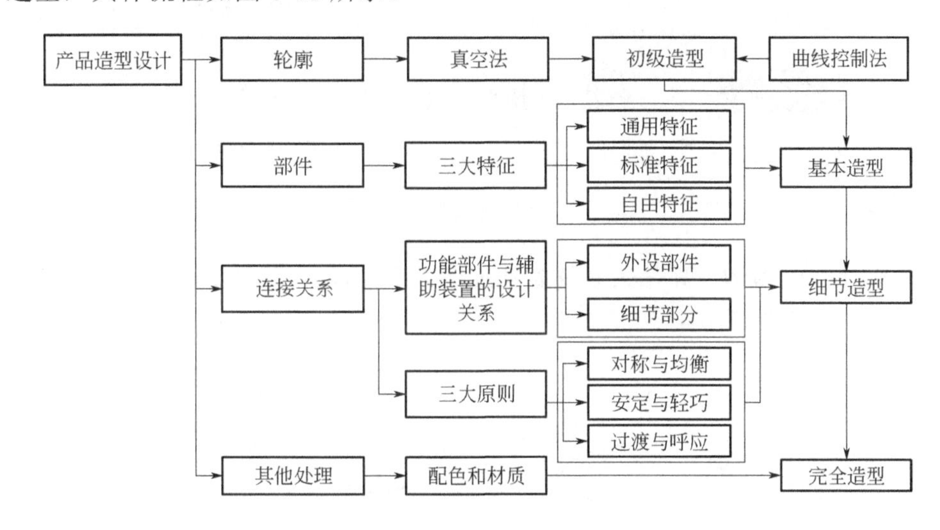

图 6-11　产品造型设计流程图

第四节　实　例

一、开槽机内部部件分层布局设计

开槽机是装修行业和建筑行业主要使用的设备，需对开槽机进行升级设计。升级后的开槽机在现有基础上增加了水箱、导轨、履带轮、液压杆、控制系统等部件，使其成为中等难度产品，其各个部件在整机中的合理布局显得很重要。首先可将产品及部件简化成规则的几何体，然后按照一定的约束对各个开槽机各个部件进行整合。通过分层布局的方法，将空间中多部件布局问题转化为层式二维布局问题。开槽机内部部件如图 6-1 所示。图 6-12（a）

为俯视图拆分的第一层部件，图 6-12（b）为俯视图拆分的第二层部件。

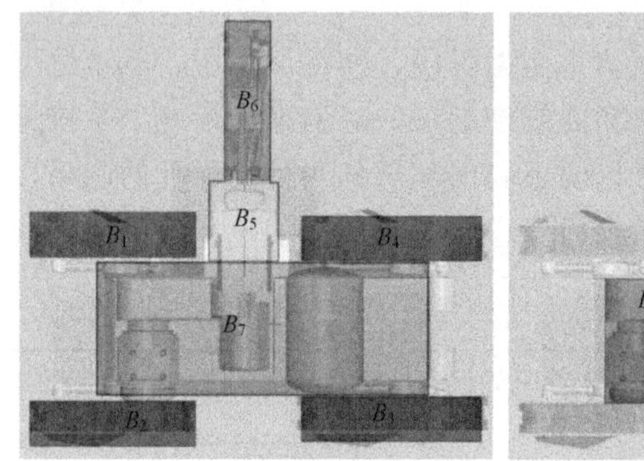

(a) 第一层部件

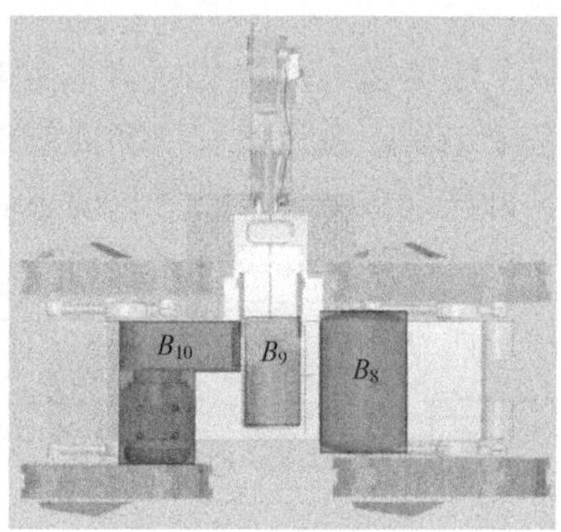

(b) 第二层部件

图 6-12　俯视图分层

以开槽机为例，部件关系树状图如图 6-13 所示，其功能、运动、序列的约束关系含义见表 6-1。

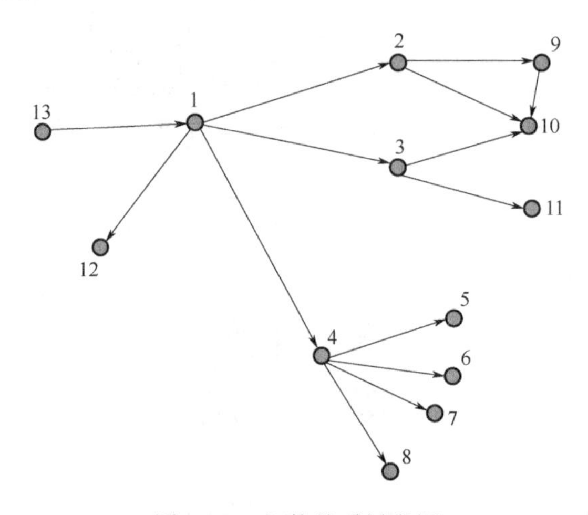

图 6-13　部件关系树状图

表 6-1　部件间约束关系

指示关系	约束关系	约束类型
1-2	动力传动	序列约束
1-3	供电水泵	序列约束、功能约束
1-4	提供电能	序列约束
4-(5、6、7、8)	动力驱动	运动约束

续表

指示关系	约束关系	约束类型
1-12	电能供应	序列约束、功能约束
13-1	提供电能	序列约束
2-9	动力驱动	序列约束、运动约束
2-10	转动刀头	序列约束、功能约束
3-10	冷却刀头	功能约束
3-11	加湿软化	功能约束
9-10	导轨驱动	运动约束、功能约束

由表 6-1 可以看出，序列约束有：1-2、1-3、1-4、1-12、13-1、2-9、2-10；运动约束有：4-(5、6、7、8)、2-9、9-10；功能约束有：1-3、1-12、2-10、3-10、3-11、9-10。

首先确定各个部件数学模型，输入第一层各个部件的形心坐标值 Q_i 以及转角 α_i。

用遗传算法得到的输出层为底部部件的布局结果。得到车底布局图后，可以初步得到整机的占地面积，如图 6-14 所示。同时，为下一步确定中间约束层提供了位置和面积的范围要求。

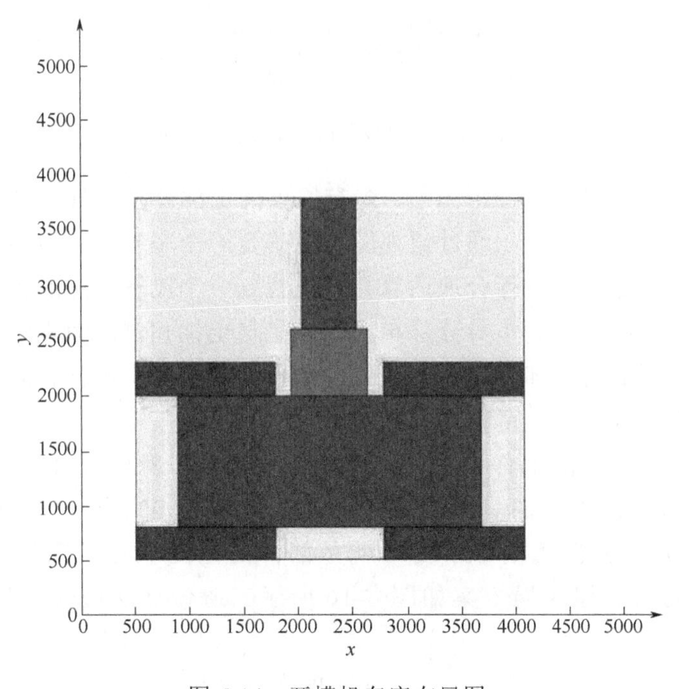

图 6-14　开槽机车底布局图

对开槽机底部部件进行布局，按照 1∶40 的比例，在软件中进行计算。可以求解得知目前最大的外包矩形面积：$S=1.188\times10^7$，$S_1=S-2S_0$。

考虑布局原则，为了满足稳定性和占地面积，去掉上面两个空白较大的区域 S_0，得到 S_1，用剩余最大矩形面积的 $\frac{3}{5}$ 作为下一层的布局范围，即为 $S_{预}$。

通过最底层部件俯视图的重心位置，在底层部件俯视图找出一个预估矩形，且满足 $S_{预}=\frac{3}{5}S_{总}$，且预估矩形的重心与底层部件俯视图重心基本重合，如图 6-15 所示。

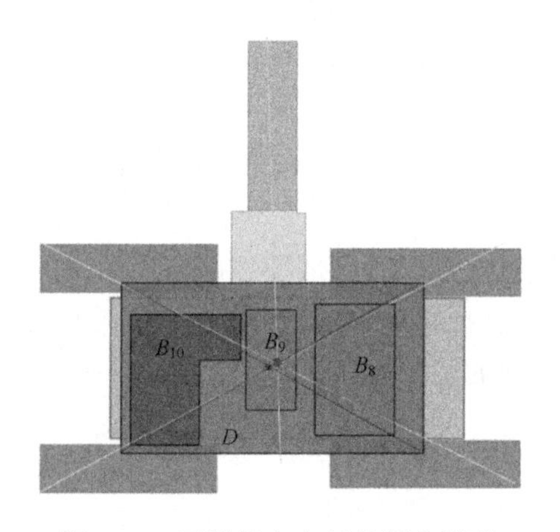

图 6-15　开槽机车身部件预估矩形

在开槽机车身俯视投影图上，含有约束固定部件，如图 6-15 所示。最下部的部件位置基本固定，通过俯视图可以确定一个车身部件布局的范围，然后对俯视图固定部件进行合理估算。预先找到一个比较理想的预估矩形，脱离开槽机车底座往上到车身分层布局，满足稳定性和占地面积的要求，用于布局车身上面的内部部件。内部部件可在预估矩形里头进行布局，下图外包矩形就是车身各个部件可布局的范围。

在完成第一层的部件布局后，开始对开槽机车身内部部件进行第二层布局。应用遗传算法的具体参数为：迭代次数 1000、交叉随机数取 0.7、变异概率 0.1、种群规模 10；变量就是部件图元的形心坐标和转角 9 个变量，得到的第二层布局方案如图 6-16 所示、遗传算法迭代过程如图 6-17 所示。

经过分层布局，得到如表 6-2 所示的布局结果。

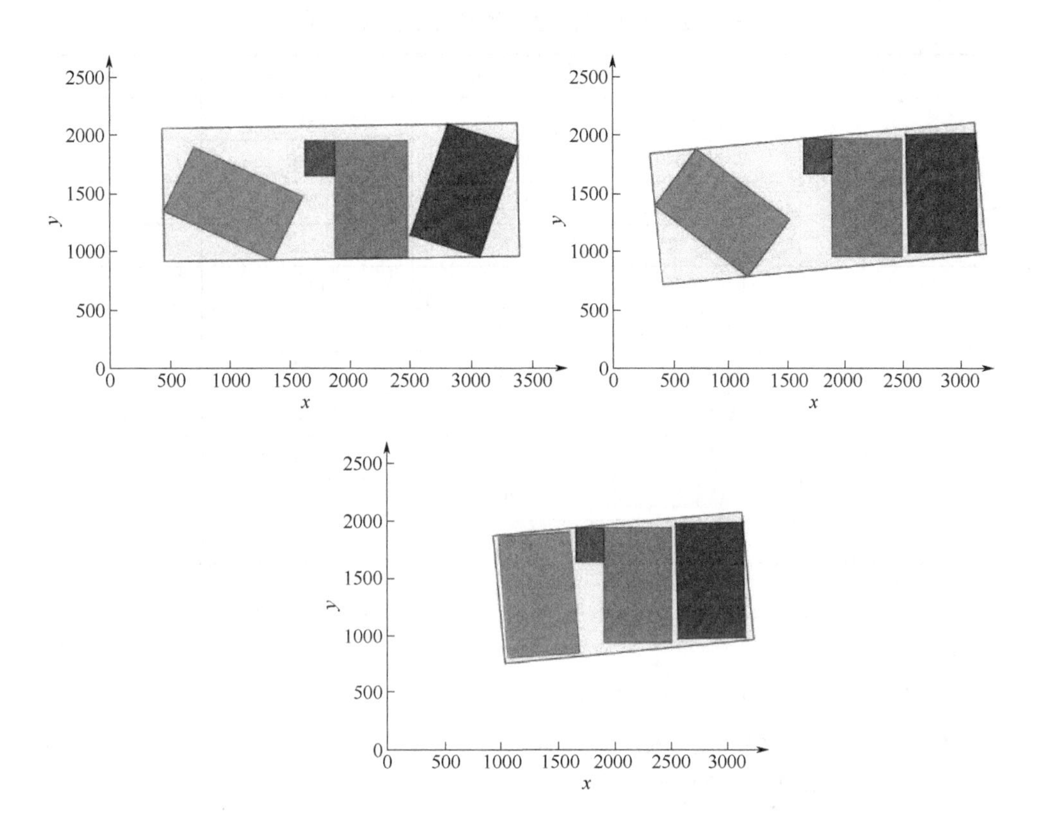

图 6-16　第二层部件布局图

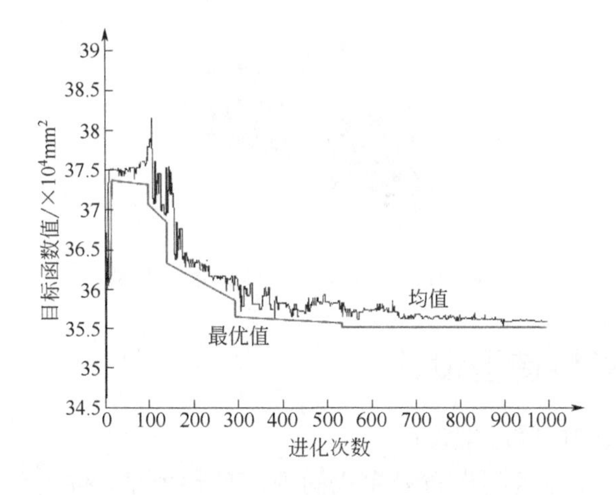

图 6-17　迭代过程

表 6-2　所有矩形图元的形心坐标值及转角

层次	部件	x 坐标/mm	y 坐标/mm	转角/rad
第一层部件	电动机	1437	1412	0.147
	水箱	3146	1430	1.231
	液压装置	2332	1426	1.226
	传动装置	1675	1760	1.226
第二层部件	机体底盘	2300	1400	0
	履带轮 1	1150	650	0
	履带轮 2	3450	650	0
	履带轮 3	1150	2150	0
	履带轮 4	3450	2150	0
	导轨	2300	2300	0
	刀头	2300	3200	0

最终所得第一层（底层）最优占地面积为 0.445m^2，第二层最优面积为 0.356 m^2。

将这些设计约束与部件布局结合起来，可得到若干个二维矩形布局区域和若干个二维矩形功能区域，在三视图投影中，再对矩形模型进行数学描述。最终得到的开槽机内部部件分层布局方案如图 6-18 所示。

图 6-18　开槽机内部部件布局方案

二、开槽机造型设计

1. 真空法的初级造型设计

通过 3D 打印技术制作布局完成的内部部件模型，按照布局结果固定好，然后全部置于真空袋中，迅速抽真空以获取第一步初级造型，如图 6-19 所示。

初级造型是首先通过真空法快速搜索内部结构与外部造型初级形态，利用外罩在内部部件上的真空袋获取内部结构最贴合的形态。真空法获得初步造型的过程，尽可能依照内部结构来实现，具有获取模型速度快、造型形态精确性高、操作性可靠简单等优点。

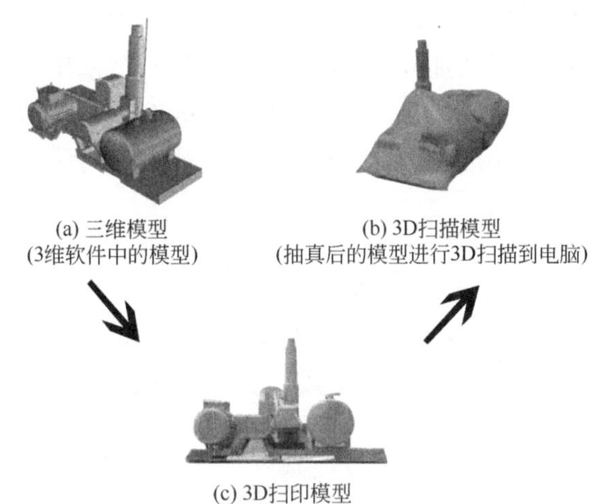

图 6-19　真空法获取初级造型

抽真空过程中，应让真空袋与内部部件贴合面积尽量增大，使获得的初级造型与内部结构的关联程度尽量高，这样获得的初级造型对内部结构的表达精确性较高。因此，在抽真空过程中，完成第一次抽真后，在保证局部关键点已经完全贴合的情况下，进行第二次抽真空，以使有些内部部件和真空袋进一步贴合，获得更精确的造型数据，如图 6-20 所示。

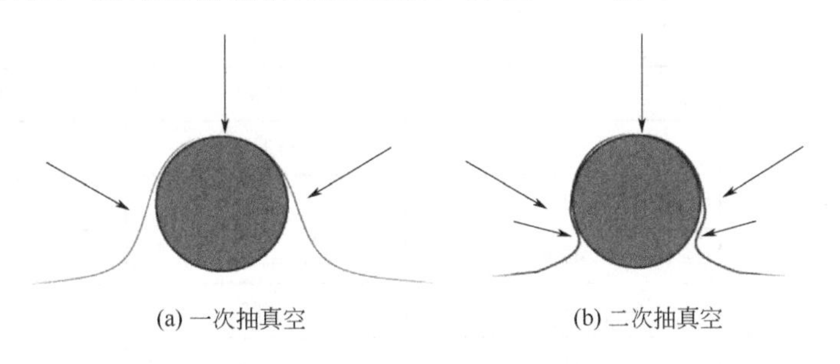

图 6-20　二次抽真空演示图

2. 曲线控制法的造型优化设计

（1）造型特征曲线拟合　通过真空法获取了内部部件和结构的初级造型，而此时的初级造型形态简单、形式单一、造型奇怪，所以初级造型到基本造型之间的处理就显得比较重要了。应用曲线控制法来实现对初级造型的升级处理。对开槽机内部3D打印模型部件进行3D扫描取得的54个关键点进行坐标系建立，如表6-3所示，此时每个特征点都有唯一的坐标与之对应。然后对坐标点进行纵向分层，共分四层，每一层纵面内的点可以连接成一条曲线，利用每一层的特征点坐标，并对曲线的阶数进行限定，拟合出曲线，求出曲线的各阶曲率。针对每一层所属曲线及曲线的控制参数，对造型特征线的次项和次项系数进行调整，从而删减一些特征点，得到的降阶优化曲线如图6-21所示。

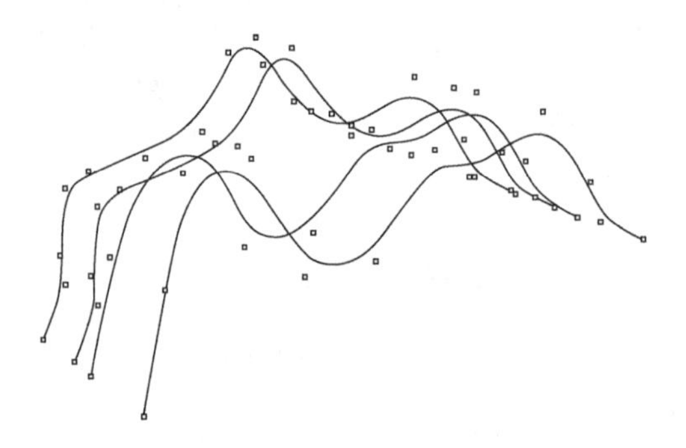

图6-21 造型点和特征曲线

表6-3 3D扫描获取的开槽机54个造型特征点坐标值

第一、二曲线特征点		第三、四曲线特征点	
x	y	x	y
-141.4	0.3	-140.3	0.6
-128.4	53.7	-127.3	25.3
-114.4	99.2	-128.5	39.8
-78.9	99.8	-123.6	71.3
-54.3	43.9	-110.4	76.7
-12.6	42.9	-46.3	86.7
24.1	88.3	-28.9	123.5
51.2	71.5	-11.5	128.9
96.1	97.1	12.3	94.1
133.7	54.8	24.0	86.9
143.0	32.4	51.1	70.4
178.1	15.9	96.1	96.2

续表

第一、二曲线特征点		第三、四曲线特征点	
x	y	x	y
		134.8	54.9
		141.9	32.1
		177.6	16.7

区别于应用曲率角来判断曲线的造型，采用新的参考值 d_s 来解决曲线造型问题。求单个纵面内的点 Q_s 到曲线 $f_n(x)$ 的距离时，可从曲线附近的点 Q_n 到曲线画一个外切圆，且每个点 Q_n 对应唯一的切点 G_n，每个点 Q_n 到曲线的距离为 d_n，同时 d_n 也等于外切圆半径 R_n，如图 6-22 所示。

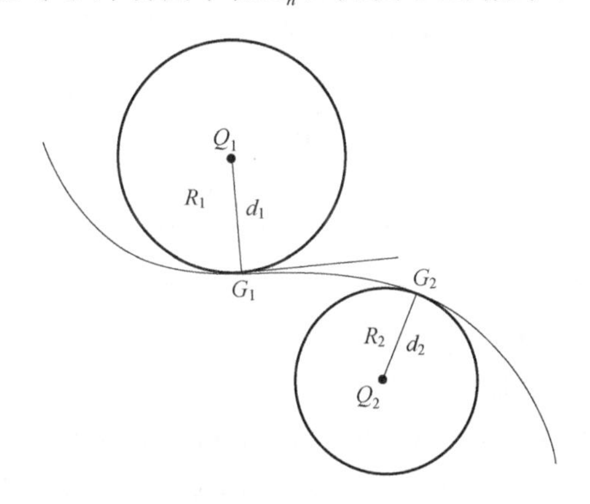

图 6-22　曲线拟合示意图

$$\min[d_s] = d_1 + d_2 + \cdots + d_n = R_1 + R_2 + \cdots + R_n$$

$$Q_n = (x_n, y_n)，\quad G_n = (X_n, Y_n)$$

$$d_n = R_n = \sqrt{(X_n - x_n)^2 + (Y_n - y_n)^2}$$

对单个纵面内已知点集 $\boldsymbol{Q}_s$ 进行多次函数曲线拟合，每次拟合都有一组解来表达当前曲线与点集的拟合情况。点 Q_n 到 G_n 的距离 d_n 越小时，点集之和 d_s 最小，点与曲线的匹配度最高。

对已经输入的纵面上的坐标点采用多次方程进行拟合，第一、二层拟合曲线函数分别为一元七次函数和一元九次函数。

$$f_1(x) = p_1x^7 + p_2x^6 + p_3x^5 + p_4x^4 + p_5x^3 + p_6x^2 + p_7x + p_8$$

$$f_2(x) = p_1x^9 + p_2x^8 + p_3x^7 + p_4x^6 + p_5x^5 + p_6x^4 + p_7x^3 + p_8x^2 + p_9x + p_{10}$$

经过多次拟合计算，式中 p_1， p_2， …， p_9 都有一定的取值范围，如表 6-4 所示。

表 6-4　第一、二层特征曲线拟合函数次项系数

次项系数	$f_1(x)$	$f_2(x)$
p_1	$-5.351<p_1<219.3$	$-326.8<p_1<90.22$
p_2	$-310.4<p_2<29.98$	$-60.08<p_2<478.9$
p_3	$-652.9<p_3<22.94$	$-391.1<p_3<1338$
p_4	$-127.4<p_4<755.6$	$-1698<p_4<81.37$
p_5	$-13.02<p_5<618.7$	$-1932<p_5<611.1$
p_6	$-500.9<p_6<93.05$	$18.8<p_6<1937$
p_7	$-177<p_7<9.472$	$-316.7<p_7<1090$
p_8	$88.68<p_8<145.7$	$-786.4<p_8<-44.76$
p_9		$-170.7<p_9<31.12$
p_{10}		$97.83<p_{10}<148.7$

通过计算 d_n 得到 $\min[d_s]$ 最小的两组解，分别在一元七次函数和一元九次函数中各求得一组最优解，即 $f_1(x)$ 的次项系数： $p_1=107$， $p_2=-140.2$， $p_3=-315$， $p_4=314.1$， $p_5=302.9$， $p_6=-203.9$， $p_7=-83.78$， $p_8=117.2$； $f_2(x)$ 的次项系数： $p_1=-118.3$， $p_2=209.4$， $p_3=473.7$， $p_4=-808.1$， $p_5=-660.4$， $p_6=978.1$， $p_7=386.6$， $p_8=-415.6$， $p_9=-69.77$， $p_{10}=123.3$。

对第三、四层进行拟合曲线函数，可得到一元五次函数和一元七次函数。

$$f_3(x)=p_1x^5+p_2x^4+p_3x^3+p_4x^2+p_5x+p_6$$

$$f_4(x)=p_1x^7+p_2x^6+p_3x^5+p_4x^4+p_5x^3+p_6x^2+p_7x+p_8$$

表 6-5 所示为第三、四层拟合函数次项系数。

表 6-5　第三、四层特征曲线拟合函数次项系数

次项系数	$f_3(x)$	$f_4(x)$
p_1	$34.49<p_1<117.7$	$-165.4<p_1<144$
p_2	$-116.9<p_2<44.2$	$-89.66<p_2<127.8$
p_3	$-280.6<p_3<-70.98$	$-434.6<p_3<651.1$

续表

次项系数	$f_3(x)$	$f_4(x)$
p_4	$49.37<p_4<183.2$	$-442.2<p_4<171$
p_5	$20.17<p_5<145$	$-760.4<p_5<359.8$
p_6	$30.03<p_6<76.24$	$-84.99<p_6<391.8$
p_7		$-79.77<p_7<242.9$
p_8		$9.907<p_8<93.35$

最后可通过 $\min[d_s]$ 得出两种函数的最优次项系数。$f_3(x)$ 的次数项系数：$p_1=76.11$，$p_2=-80.55$，$p_3=-175.8$，$p_4=116.3$，$p_5=82.6$，$p_6=53.13$；$f_4(x)$ 的次数项系数：$p_1=-10.57$，$p_2=19.1$，$p_3=108.2$，$p_4=-135.6$，$p_5=-200.3$，$p_6=153.4$，$p_7=81.55$，$p_8=51.63$。

（2）壳体造型特征曲线优化　提取出造型特征线后，需要对当前的模型进行修正和调整，结合曲线的次项变化对造型特征线进行调整。一些关键的转折位置，需改变曲线的次项系数来缓解曲线的变化趋势。对曲线上变化幅度较大的地方进行降幅，从而对关键点进行简化处理，使得特征线整体变化趋势比较平缓，符合开槽机在对称与均衡、安定与轻巧、过渡与呼应的造型要求。

对比分析第一、二层获取的函数曲线 $f_1(x)$ 和 $f_2(x)$，第三、四层获取的函数曲线 $f_3(x)$ 和 $f_4(x)$ 可知，高次函数曲线具有拟合精度高、点集数据应用程度高等优点，而低次函数曲线造型顺畅、平和，美观性和可利用性更高。充分考虑曲线精度和美观性，都采用对原高精度曲线降 2 次的较低次函数曲线，即 $f_1(x)$ 和 $f_3(x)$ 函数曲线，以该函数曲线为造型特征线指导造型设计。以曲线为造型基础，对特征点进行连线和处理。图 6-23 所示为第一次对特征点进行简化连线。

经过第一次简化后，整个造型曲面太多细节的过度幅度较大，需要对其进行第二次简化调整，以使造型模型突出部位曲率角减小，从而继续缓解造型的变化幅度。针对第一次简化的结果，分别从多个曲面上进行整合和删减，基本造型的特征化也得到了体现，如图 6-24 所示。

通用特征体现在对部件和部件结构在基本造型中的对应位置有了一定体现和分布。造型曲面上的凹凸变化体现了内部特定部件的位置和特定的结构。

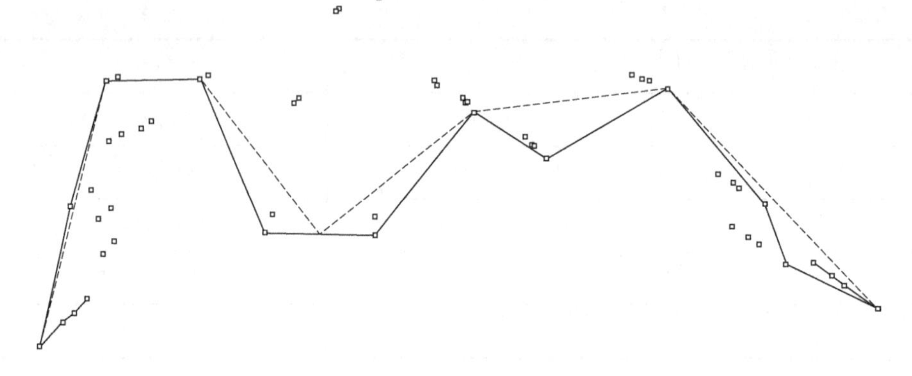

图 6-23　第一次简化处理

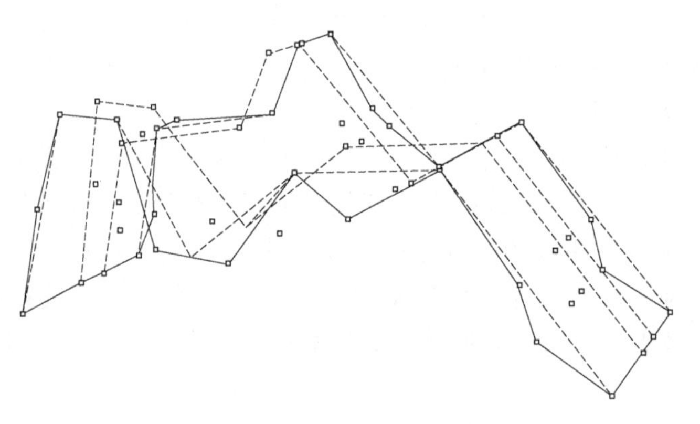

(a) 第二次简化特征线

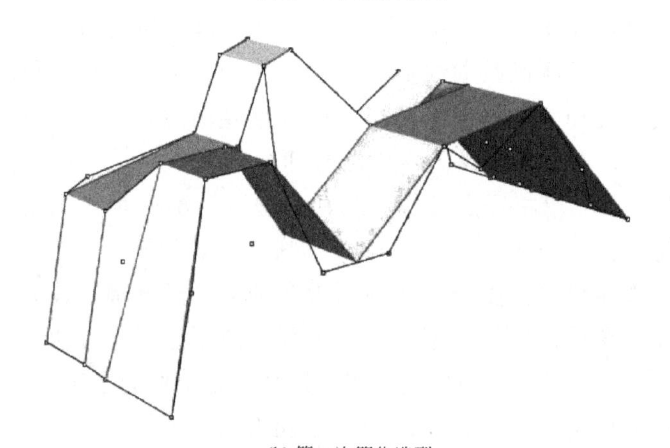

(b) 第二次简化造型

图 6-24　第二次简化特征线和造型

标准特征体现在整个壳体造型所需的指示性和人机关系等，基本大小以内部部件为基础，特定尺寸针对特定部件。对特定部件在外壳造型上有较大的凹凸变化，具有基本的部件指示性，所以基本满足开槽机壳体要求。

自由特征体现在视觉认知上，主要考虑美感和感性需求，经过两次曲面简化处理，当前基本造型已经在视觉美感上有很大的改善，幅度变化较大的部位都进行了调整，多个碎面进行了整合，大面整洁化，线条采用硬朗的直线，有视觉上的力量感，立体感、整体感、科技感都有一定的体现，如图 6-25 所示。

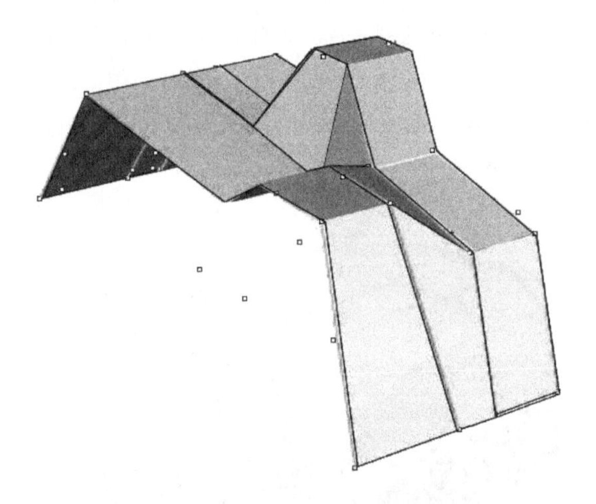

图 6-25　开槽机外壳基本造型

3. 外观色彩材质设计

基本造型为开槽机外壳形态雏形依据。根据当前所获得的基本造型，需要在原来的内部部件上重新筑壳，新一次的壳体形态依据就是基本造型。在壳体建模过程中，因为功能部件和辅助部件之间有一定的对应配套联系，结合外设部件和细节部分对开槽机壳体模型进行更细致的补充和完善，并结合对称与均衡、安定与轻巧、过渡与呼应三原则进行细致化造型处理，从而完成细节造型。

外设部件：电机部位需要有散热格栅，整机的搬运需要有把手，机器还需要有工作灯和操作面板等。

细节部位：开槽机壳体一般采用钣金件，因此结合钣金件的相关工艺和要求，需要对折弯部位、内部的固定支承、壳体与部件间的间隙等进行处理。

（1）造型结构的对称和均衡　根据造型曲线来确定开槽机外壳外轮廓造型。造型曲线经过调整，在对称和均衡上进行了匹配。左右对称给开槽机造型的形式营造出稳定、安全、庄重的美感。此外，利用色彩、材质、表面装饰等进行配重，以此在大小、轻重、明暗或质地之间构建平衡感。

（2）造型样式的安定与轻巧　考虑开槽机的用途需满足用户的视觉稳定性，通过配色的方式在靠近地面的部分显示厚重感，设备重心越低越显得安定。物理安定即使用稳定安全，需考虑人机尺寸和布局方式；开槽机可采用凹面、挖空和色彩的配合方式来获得轻巧效果。

（3）造型形态的过渡与呼应　在进行造型特征线调节时，将多形体变化区采用逐渐演变的形式联系起来，以获得流畅一致的视觉和造型效果。通常采用去点、合线的方式作为过渡，使开槽机壳体显得更自然柔和。呼应是指在开槽机造型的对应部位，采用相同或相似的形、色、质等特点进行处理，使它们之间在造型、色彩、质感、大小等取得视觉效果的一致性。开槽机外壳细节造型如图 6-26 所示。

图 6-26　开槽机外壳细节造型

目前，工程机械大多采用橙黄色和黑色、银灰和黑色、白色和蓝色等色彩搭配方式，考虑开槽机的使用环境，选择橙黄色和黑色的配色方案。因为开槽机外壳采用冷轧钢片制作，用喷漆的方式对外壳进行上色，采用涂漆的方式增加美观性和防锈耐用性。进行色彩和材质的选择以后，将得到开槽机外壳的完全造型。

完成细节造型后，壳体模型基本完成定型。色彩和材质的选择不仅对造型设计起到美感作用，而且完善了开槽机机壳设计，如图 6-27 所示。面向造型设计的开槽机分层布局设计流程如图 6-28 所示。

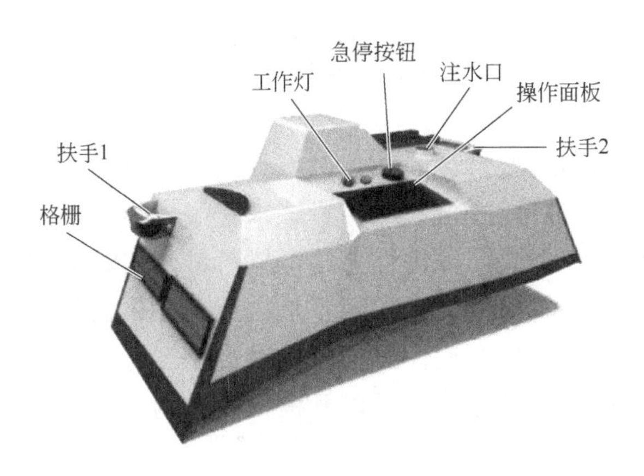

图 6-27　开槽机壳体完全造型

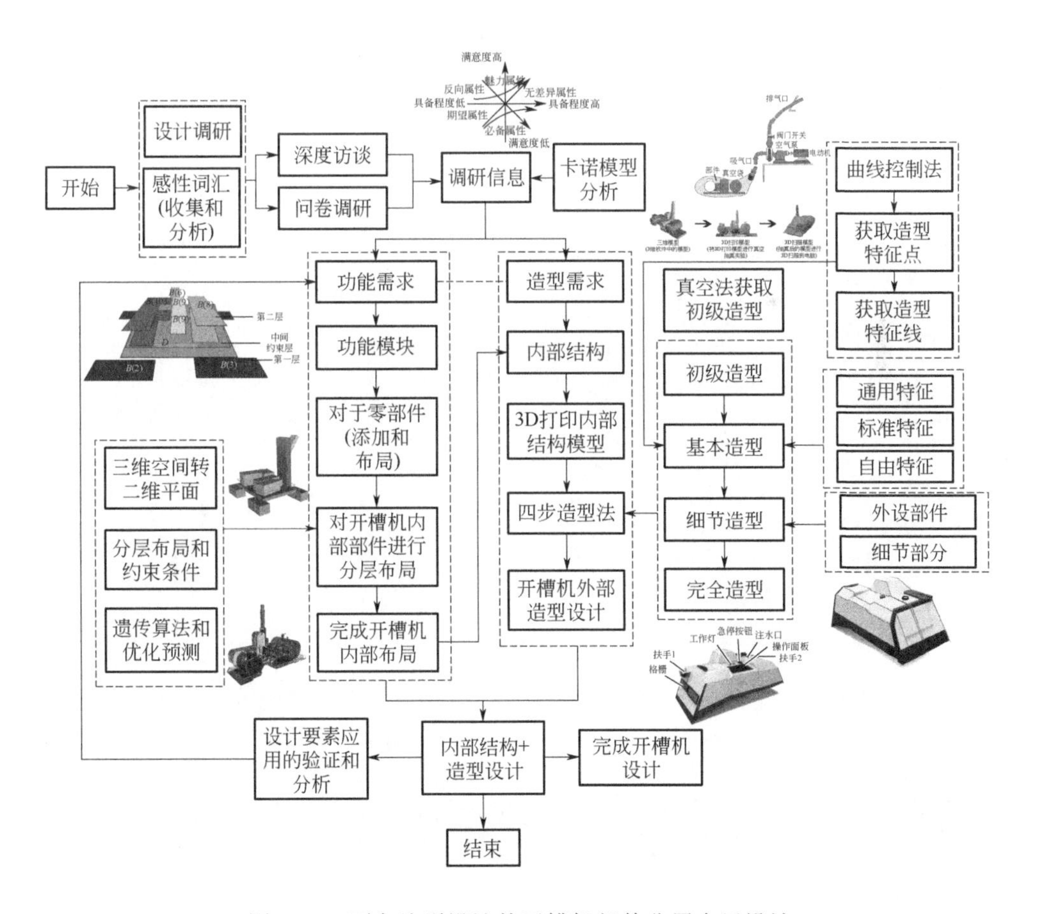

图 6-28　面向造型设计的开槽机部件分层布局设计

本章小结

本章提出了面向造型设计的产品部件分层布局方法，该方法包括视图转化、约束条件下分层布局建模、遗传算法求解等内容。将三维部件的二维投影简化，利用约束条件对部件进行分层，以每层外包矩形为优化目标，完成了产品部件内部各层布局方案，实现了从内部部件结构到外观造型的设计连接，为后续的产品包装外形设计提供参考依据，同时可以实现产品内部结构和外部造型的衔接并行设计。最后以开槽机为实例，进行了应用验证。

第七章

产品布局方案预测方法

产品总体布局设计是产品创新设计的重要内容。对现有的设计案例进行分析并预测可行的布局方案，是解决产品创新性的有效途径。复杂产品方案设计阶段存在非功能的设计信息，且设计信息具有模糊不确定性，导致布局设计方案难以预测。传统的基于功能的产品设计预测方法主要研究的是产品流输入输出状态转变，而非功能的设计信息无法用功能预测表达，比如绿色性、成本等。可供性描述人、机、环境之间的关系，具有结构相关性。Maier 等将可供性引入工程设计，将基于可供性的设计描述为用户向设计者提出可供性需求、设计者综合考虑产品期望与不被期望的可供性和产品与用户之间的可供性关系来具体化产品属性的过程。基于可供性的设计综合考虑人、机、环境之间的综合关系，能够帮助设计者发现产品对人以及环境的影响。基于可供性的设计方法弥补了传统的基于功能的设计无法表达非功能信息的局限。

针对传统的基于功能的方案设计理论难以满足面向可供性需求的设计要求的局限，提出基于可供性设计的复杂产品布局方案预测方法，给出可供性与布局特性矩阵，描述可供性与布局设计特性之间的关联性。借助广义回归神经网络（Generalized Regression Neural Network，GRNN）构建两者的非线性关系模型，实现产品可供性综合评价值预测。利用遗传算法求解可供性评价值最优的布局方案。最后以数控加工中心布局方案预测为例，验证了该方法的可行性。

第一节 产品可供性与布局特性矩阵

基于可供性的设计是产品可供性具体化的过程。复杂产品的可供性分为期望可供性和不被期望的可供性，布局方案预测可以从可供性综合评价的角度进行考虑。产品可供性与布局特性矩阵（Affordance Layout Matrix，ALM）用于描述产品布局特性与可供性之间的关系。ALM 以数值定量描述了产品布局特性与可供性之间的关联程度。由领域专家组给出综合关联度，进一步计算出面向布局方案预测的可供性重要度，因此，定义 $\boldsymbol{R}$ 为 ALM。

$$\boldsymbol{R}=\begin{bmatrix} r_{11} & r_{12} & \cdots & r_{1n} \\ r_{21} & r_{22} & \cdots & r_{2n} \\ \vdots & \vdots & \ddots & \vdots \\ r_{m1} & r_{m2} & \cdots & r_{mn} \end{bmatrix}$$

式中，r_{ij} 为第 i 个可供性特性与第 j 个布局特性之间的综合关联度，综合关联度及其度量值见表 7-1。

表 7-1 综合关联度及其度量值

关联度	非常不关联	较不期望	一般	较期望	非常期望
度量值	1	2	3	4	5

第二节 基于 GRNN 和遗传算法的产品布局方案预测方法

一、布局方案样本数据处理

复杂产品布局方案库中存储的是有关布局方案的具体数据值，如各种布局方案的运动组合、运动链、运动轴数、驱动方式、各轴运动模块等数据资料。对这些数据进行定量化处理后，分类存放在布局方案样本数据库。为避免布局方案参数的量纲不同，提取布局方案特性，对每个布局特性属性值进行编码，得到布局特性矩阵 $\boldsymbol{X}$。

$$\boldsymbol{X}=\begin{bmatrix} x_{11} & x_{12} & \cdots & x_{1n} \\ x_{21} & x_{22} & \cdots & x_{2n} \\ \vdots & \vdots & \ddots & \vdots \\ x_{m1} & x_{m2} & \cdots & x_{mn} \end{bmatrix}$$

式中，m 为布局方案样本个数；n 为布局特性个数。

对 $\boldsymbol{X}$ 进行归一化处理，利用最大最小标准化方法归一化处理，得到归一化的布局特性矩阵 $\boldsymbol{X}'$ 。

$$x'_{ij}=\frac{x_{ij}-X_{\min}}{X_{\max}-X_{\min}}$$

式中，$X_{\max}=\max\boldsymbol{X}$，$X_{\min}=\min\boldsymbol{X}$ 分别为样本最大值和最小值，标准化后的布局特性矩阵为

$$\boldsymbol{X}'=\begin{bmatrix} x'_{11} & x'_{12} & \cdots & x'_{1n} \\ x'_{21} & x'_{22} & \cdots & x'_{2n} \\ \vdots & \vdots & \ddots & \vdots \\ x'_{m1} & x'_{m2} & \cdots & x'_{mn} \end{bmatrix}$$

二、基于 GRNN 的布局方案预测模型

建立布局特性与可供性特性的多参数关联映射关系是准确预测产品可供性的关键。由于两者之间存在复杂的且难以描述的非线性映射关系，利用理论方法难以建立预测模型，因此借助神经网络学习训练，建立布局方案预测模型。GRNN 是径向基神经网络的一种，具有训练速度快，在样本数量少和噪声较多时优势明显。针对样本数据较少并含有噪声的情况，选用 GRNN 进行预测模型构建。布局特性与可供性特性的多参数关联映射关系的 GRNN 由四层构成，分别为布局特性输入层、模式层、求和层和可供性评价值输出层。GRNN 的结构如图 7-1 所示。对应网络布局特性输入 $\boldsymbol{X}=(x_1,\cdots,x_n)^{\mathrm{T}}$，其可供性评价值输出为 $\boldsymbol{Y}=(y_1,\cdots,y_m)^{\mathrm{T}}$。输入层神经元的数目等于学习样本中输入布局特性向量的维数。模式层神经元数目等于学习样本的数目。

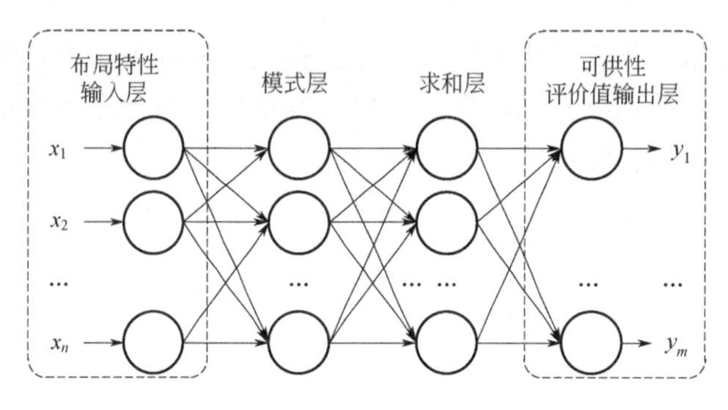

图 7-1 可供性评价值预测模型

三、可供性评价适应度函数及预测算法

产品可供性分为期望可供性和不被期望的可供性。在方案设计阶段，对复杂产品的可供性综合评价设计时，以最大化期望可供性，最小化不被期望的可供性为目标。因此复杂产品可供性评价属于多目标优化问题，且各目标函数相互制约，在求解多目标优化问题时，常利用权重法将多目标问题转化为单目标问题。针对以上以可供性评价值最大为目标的布局方案预测问题，借助遗传算法进行求解计算。适应度函数用于评价遗传算法进化产生个体的优劣程度。

将可供性综合评价问题，处理后的单目标适应度函数 F 为：

$$F=\sum_{i=1}^{n}v_i f_{\max i}+\frac{1}{\sum_{j=1}^{n}w_j f_{\min j}} \tag{7-1}$$

式中，$f_{\max}$ 为期望可供性特性的评价值；$f_{\min}$ 为不被期望的可供性特性的评价值；v 为期望可供性特性的重要度；w 为不被期望的可供性特性重要度。可供性特性的重要度 v_i 和 w_j 由 ALM 计算得到。

上述利用 GRNN 和遗传算法的复杂产品布局方案预测算法流程如图 7-2 所示，具体如下：

步骤（1）定义可供性特性集、布局特性集，确定可供性与布局特性矩阵。领域专家或用户提供用户需求和功能要求，设计师通过经验和讨论，将用户和专家组的描述转化为一组产品布局方案具有的可供性特性表达。

步骤（2）选出布局方案库中最具有代表性的设计方案及布局特征向量，对其进行实数编码，归一化处理。确定可供性特性与布局特性之间的综合关联度。将可供性与布局特性矩阵归一化处理，计算可供性评价值样本及可供性重要度。

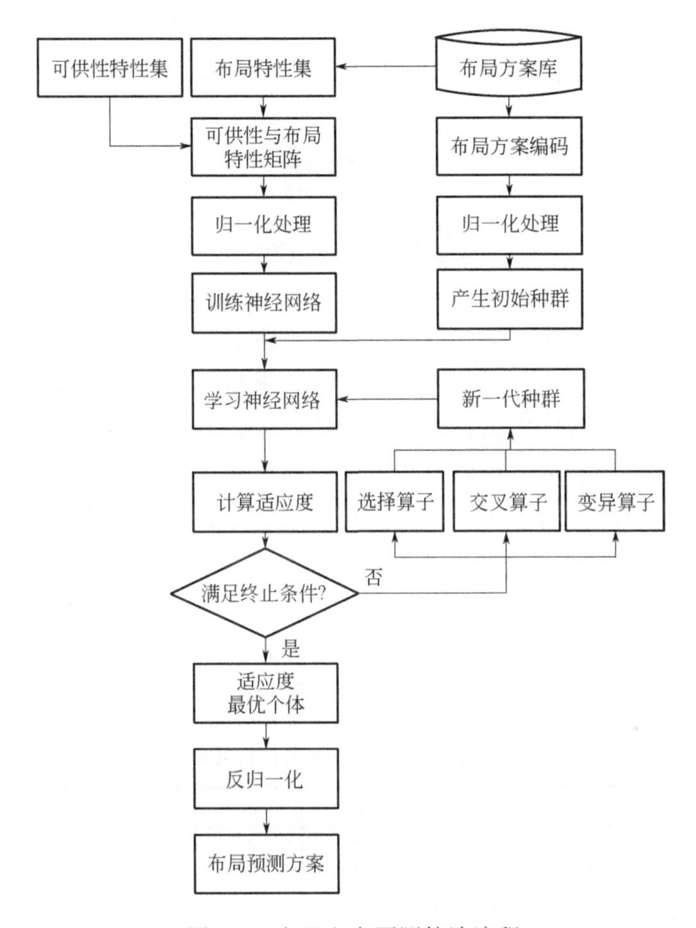

图 7-2　布局方案预测算法流程

步骤（3）确定光滑因子 σ，以布局特性为输入，可供性评价值为输出，训练 GRNN。

步骤（4）初始化遗传算法参数，确定种群大小、个体长度、选择率、交叉率、变异率，随机生成种群规模，进化代数。

步骤（5）产生布局方案初始种群。

步骤（6）GRNN 读入布局方案染色体，即随机生成的布局方案编码，进行网络学习，将得到的可供性评价值作为适应度函数，并对其进行评价。

步骤（7）遗传算法按照各染色体个体的适应度大小进行选择、交叉和变异算子操作，得到新的种群，进化下一代。

步骤（8）判断是否达到最大进化代数，若达到则计算结束，返回当前适应度最高的个体，否则转至步骤（6），直到满足终止条件。

步骤（9）输出当前染色体个体下 GRNN 预测可供性评价最优值。

步骤（10）预测的布局方案编码数据反归一化，输出布局预测方案。

第三节 实　例

数控加工中心是典型的基础制造装备，影响其总体布局的基本因素有工件表面形成运动、运动分配、工件的尺寸、重量和形状、性能要求、生产规模和生产效率、自动化程度、操纵方便性、工艺范围、制造、维修、运输和吊装的便利。归纳汇总现有数控加工中心布局设计方案样本、提取属性值。数控加工中心结构布局方案特性集 $\boldsymbol{C}=\{c_1$ 运动组合，c_2 轴数，c_3 x 轴运动部件，c_4 y 轴运动部件，c_5 z 轴运动部件，c_6 立柱形式，c_7 工作台形式，c_8 布局形式$\}$。可供性需求集 $\boldsymbol{A}=\{A_1$ 可定制性，A_2 易于装配性，A_3 易于清理，A_4 易于重用性，A_5 可回收性$\}$。表 7-2 为设计师针对布局方案 S_1 给出的可供性与布局特性矩阵，表 7-3 为布局特性编码，表 7-4 为布局方案编码。

表 7-2　可供性与布局特性矩阵

S_1	c_1	c_2	c_3	c_4	c_5	c_6	c_7	c_8
A_1	3	3	4	4	4	4	4	2
A_2	2	3	3	3	3	4	4	4
A_3	2	2	3	3	3	3	3	4
A_4	2	2	3	3	3	3	3	2
A_5	3	3	4	4	4	4	4	3

表 7-3　布局特性编码

编码	1	2	3	4	5	6	7
c_1	*LLLRR*	*RRLLL*	*RLLLR*	*LLLR*	*RLLL*	*LLL*	
c_2	5	4	3				
c_3	主轴	横梁	工作台	立柱			
c_4	横梁	主轴	立柱	工作台			
c_5	主轴	横梁	工作台	双摆工作台			

续表

编码	1	2	3	4	5	6	7
c_6	固定双立柱	移动双立柱	箱中箱	移动单立柱	固定单立柱		
c_7	固定	摇篮式	回转	十字移动	回转移动	移动	回转升降
c_8	动梁式龙门	立式	卧式	龙门	动梁动柱龙门式		

表 7-4　布局方案编码

项目	c_1	c_2	c_3	c_4	c_5	c_6	c_7	c_8
S_1	1	1	1	2	1	1	1	1
S_2	2	1	2	1	1	1	2	2
S_3	3	1	3	1	1	3	3	2
…	…	…	…	…	…	…	…	…
S_8	3	1	1	1	1	3	2	3
S_9	2	1	1	4	1	4	2	3
S_{10}	2	1	4	4	1	4	4	3

计算结果如图 7-3～图 7-5 所示。图 7-3 为可供性综合评价值神经网络预测误差分析，图 7-4 为遗传算法求解得到的布局方案解空间，图 7-5 为可供性综合评价值最优值适应度函数的收敛过程。当进化代数为 13 时，可供性综合评价值最优值为 3.9056，相应的布局预测方案为：运动组合为 *RLLLR*、运动轴为 5 轴、x 轴运动部件为工作台、y 轴运动部件为立柱、z 轴运动部件为主轴、立柱形式为固定双立柱、工作台形式为回转工作台、布局形式为龙门。预测得到的数控加工中心布局原理方案如图 7-6 所示。

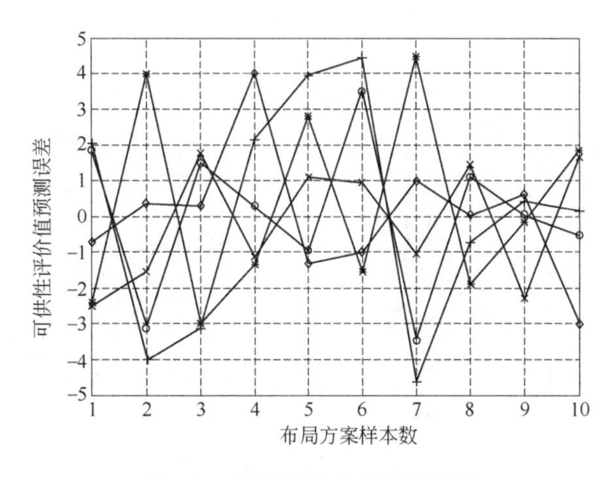

图 7-3　可供性评价值预测误差

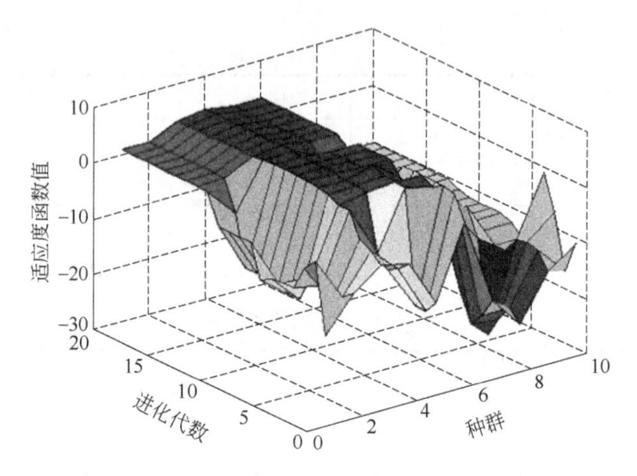

图 7-4 遗传算法解空间

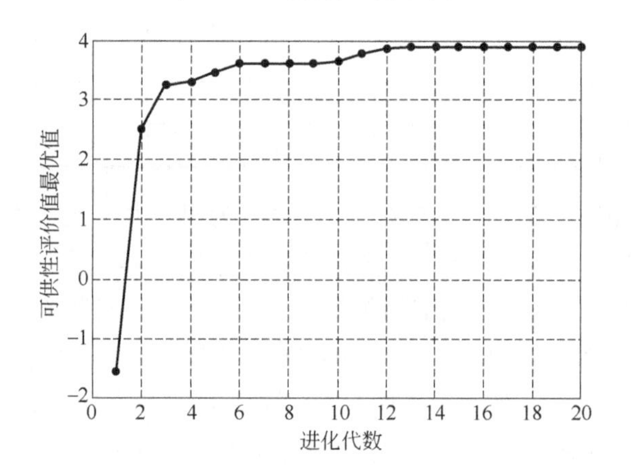

图 7-5 可供性评价值最优值收敛过程

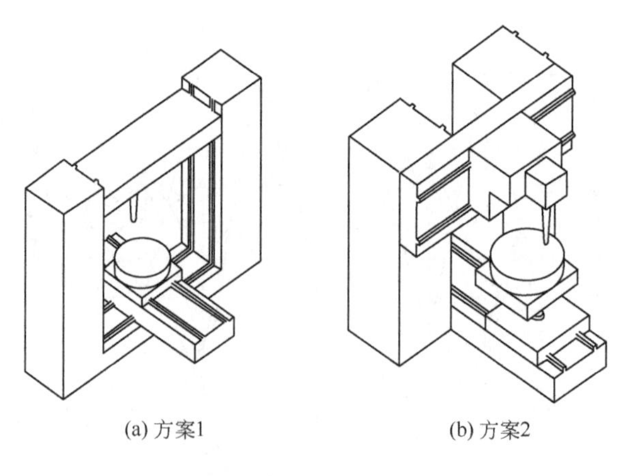

(a) 方案1

(b) 方案2

图 7-6 布局预测原理方案

本章小结

（1）针对复杂产品布局方案设计阶段非功能设计信息不确定，可供性需求与布局特性之间存在非线性关系问题，提出了基于可供性设计的复杂产品布局方案预测方法，有效提高了复杂产品方案设计效率。

（2）提出了可供性与布局特性矩阵，对复杂产品布局特性与期望可供性和不被期望的可供性之间关联性进行评价，获得了可供性综合评价值和可供性重要度。给出了可供性评价值与布局方案之间的非线性关系，训练了 GRNN 预测模型。以期望和不被期望的可供性综合评价值最大为目标，利用遗传算法进行求解计算，预测了复杂产品布局方案。

（3）以数控加工中心布局方案设计为例，验证了提出方法的可行性和有效性。

第八章
产品布局方案评价方法

产品布局设计方案的好坏直接影响产品的结构关系、性能、成本与竞争力，如何择优是产品方案设计中必须解决的关键问题。

产品布局方案评价与择优是典型的多属性决策问题。多属性决策的关键在于确定评价指标体系、分配其权重和计算总价值。由于初始设计信息不确定、所涉及领域知识及产品组成复杂等，复杂产品方案设计过程评价指标较多。在实际分析中，评审专家的偏好受其专业背景、经验知识水平等因素的影响，各自给出的评价指标的权重不同，且在方案评价决策中难以达到性能指标与经济性指标的均衡。例如，在复杂产品方案设计中，评审专家来自企业设计、制造、工艺编制及管理等不同部门。制造工艺专家认为制造工艺性、结构复杂性指标应赋予较高权重，而企业决策者会认为设计方案的经济性指标应赋予较高权重。评价指标重要度上存在分歧与不确定性。同时，评价指标体系由运动精度、结构动静刚度、结构复杂性、制造工艺性和经济指标构成，运动精度要求高的产品的结构动静刚度要高，由此产生的加工成本也较高。因此，产品方案多指标专家组评价过程中，专家评价值合成中评价指标常权综合方法具有局限性，且评价结果难以达到性能与经济性的均衡。

考虑产品布局方案评价多指标权重的不确定性以及评价结果难以均衡的多属性决策问题，提出基于多粒度语言评价、多指标联合变权 VIKOR（VlseKriterijumska Optimizacija I Kompromisno Resenje）群决策的产品布局方案评价方法。

第一节
产品方案变权 VIKOR 群决策模型

针对专家给出的评价指标权重的不确定性，由专家通过群决策变权法确定评价指标最终权重。考虑方案择优过程中性能指标与经济指标难以均衡，利用 VIKOR 方法，将上述评价指标权重融入专家多粒度语言评价备选方案，确定最优产品方案。该决策模型如图 8-1 所示。设复杂产品方案评价中专家群体为 $\boldsymbol{E}=\{E_1, E_2, \cdots, E_s\}$，专家 E_k 的权重为 v_k，$0\leqslant v_k\leqslant 1$，$0\leqslant k\leqslant s$。备选方案集为 $\boldsymbol{U}=\{U_1, U_2, \cdots, U_m\}$，评价指标集为 $\boldsymbol{C}=\{C_1, C_2, \cdots, C_n\}$。

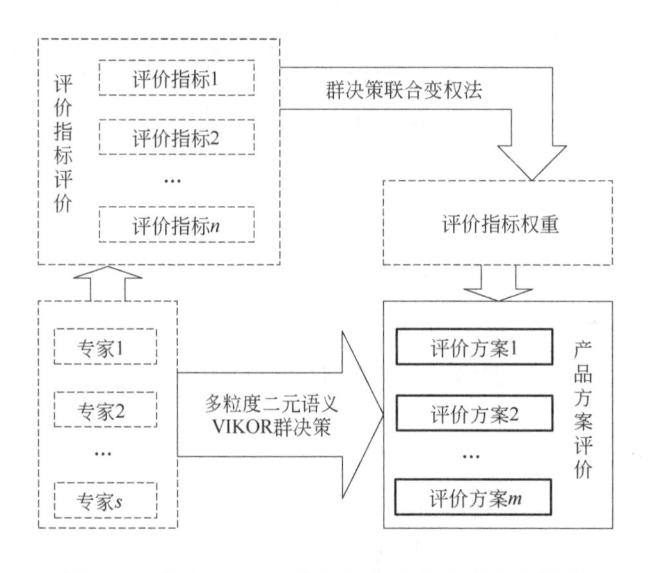

图 8-1　基于 VIKOR 的复杂产品方案群决策模型

一、群决策评价指标联合变权评价

评价指标权重计算可以看作一个多属性决策问题，即通过专家解决具有多个指标的优先方案的排序和优选问题，可引入群决策理论。然而在实际中企业方案评审通常由评审专家组成。专家个体由于自身专业背景及偏好等原因，给出不同方案评价指标权重。以往的主观权值计算方法忽略了专家个体意见对群体决策结果的影响。为此，结合联合分析（Conjoint Analysis，CA）

的整体评价功能和变权理论，对评价指标进行重要性估计。首先利用联合分析法对评审专家给出的所有评价指标偏好评分进行最小二乘法统计分析，估计单个评价指标的总体效用值。然后依据变权理论思想，将评价指标集看作状态矢量，将评价指标总体效用值矢量看作评价指标集常权矢量，用专家个体对评价指标的常权矢量代替状态变权矢量，提出基于变权理论的方案评价指标联合变权模型，使专家决策趋于一致，同时使计算结果合理。评价指标联合变权计算方法如图 8-2 所示。

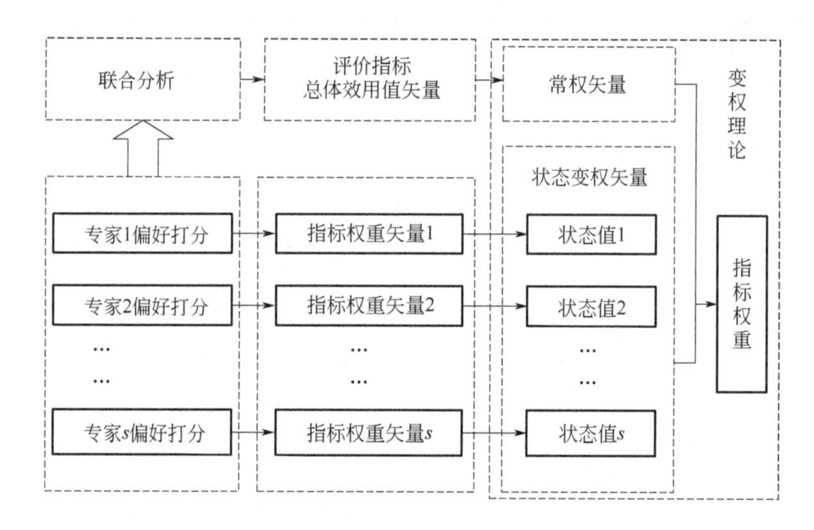

图 8-2　评价指标联合变权计算方法

具体步骤如下：

步骤（1）s 个专家对评价指标偏好打分。打分等级为 $\{1,3,5,7,9\}$，得到第 k 个专家确定的第 i 个评价指标的评价值。获得单个专家确定的评价指标重要性的矢量 $\boldsymbol{A}^k=(a_i^k)_{1\times n}$。

步骤（2）评价信息中分离出专家对每个指标以及指标水平的偏好值，即该评价指标的“效用参数”。评价指标的效用利用最小二乘法回归分析。

步骤（3）根据效用函数计算评价指标总效用

$$U_i=\sum_{j=1}^{k_i}b_{ij}x_{ij}\text{，}\quad 0\leqslant i\leqslant n$$

式中　U_i——评价指标总效用；

k_i ——评价指标 i 的水平数目；

n ——评价指标个数；

b_{ij}——效用参数，表示评价指标 i 的第 j 个水平的效用值且 $0 \leqslant j \leqslant k_i$；

x_{ij}——评价指标哑变量，当评价指标 i 的第 j 个水平效用值存在时取值为 1，否则为 0。

步骤（4）将评价指标总体效用值矢量看作评价指标常权矢量，记为

$$\boldsymbol{W}^0 = (\omega_1^0, \omega_2^0, \cdots, \omega_n^0) = (U_1, U_2, \cdots, U_n)$$

步骤（5）归一化专家偏好信息，得到单个专家评价指标权重矢量为 $\boldsymbol{W}_0^k$

$$\omega_{0i}^k = \frac{a_i^k}{\sum_{i=1}^{n} a_i^k}，\quad 0 \leqslant i \leqslant n$$

$$\boldsymbol{W}_0^k = (\omega_{01}^k, \omega_{02}^k, \cdots, \omega_{0n}^k)$$

步骤（6）为调整专家个体给出的权重与群决策评价指标总体效用值差异，引入变权理论，将评价指标变权模型描述为：评价指标集 $\boldsymbol{C}=\{C_1, C_2, \cdots, C_n\}$为因素状态矢量，群决策评价指标总体效用值矢量 $\boldsymbol{W}^0$ 为因素常权矢量，单个专家评价指标权重矢量 $\boldsymbol{W}^k$ 为状态变权矢量。可认为评价指标最终权重是由状态变权矢量的因素状态值调节各评价指标的权重，则评价指标变权矢量 $\boldsymbol{W}$ 可表示为 $\boldsymbol{W}^0$ 和 $\boldsymbol{W}^k$ 的归一化的 Hadamard 乘积，即

$$w_i^k = \omega_i^0 \omega_i^k / \sum_{j=1}^{n} \omega_j^0 \omega_j^k，\quad i = 1,2,\cdots,n；\quad j = 1,2,\cdots,n \text{ 且 } k = 1,2,\cdots,s$$

变权的目的是根据因素状态之间的均衡水平调整各因素在综合决策中的作用。为分析变权结果，在变权综合中引入变权平均值分析调权水平

$$M^k = \frac{1}{n}\sum_{i=1}^{n} w_i^k，\quad i = 1,2,\cdots,n；\quad k = 1,2,\cdots,s$$

取变权平均值最大值相应的状态矢量为状态变权矢量，相应的评价指标变权矢量为最终的评价指标权重。

二、多粒度语言信息处理

在实际评价过程中，由于存在不同的专家对所评价领域的认识模糊性以及意见表达等方面的不确定性，一般采用语言型评价值来表达决策信息，即包含 15 个等级的多粒度语言术语集合，选用其中 3 个不同粒度组成语言集合 $\boldsymbol{L}=\{\boldsymbol{L}^1, \boldsymbol{L}^2, \boldsymbol{L}^3\}$，见表 8-1。

表 8-1　语言等级及信息描述

语言等级	语言信息
$\boldsymbol{L}^1$	{ L_0^1 =很差， L_1^1 = 稍差， L_2^1 =相当， L_3^1 =稍好， L_4^1 =很好}
$\boldsymbol{L}^2$	{ L_0^2 =很差， L_1^2 =差， L_2^2 =稍差， L_3^2 =相当， L_4^2 =稍好， L_5^2 =好， L_5^2 =很好}
$\boldsymbol{L}^3$	{ L_0^3 =非常差， L_1^3 =很差， L_2^3 =差， L_3^3 =稍差， L_4^3 =相当， L_5^3 =稍好， L_6^3 =好， L_7^3 =很好， L_8^3 =非常好}

根据语义变换方法，可以将多粒度语言单个评价语言转化为统一粒度二元语义形式。

二元语义是一种采用二元组 (L_k,α_k) 来表示语言评价结果的方法。其中 L_k 为预先定义好的语言评价集 $\boldsymbol{L}$ 中的第 k 个元素；α_k 为符号转移值，且满足 $\alpha_k \in [-0.5,0.5)$，表示评价结果与 L_k 的偏差。

若 $L_k \in \boldsymbol{L}$ 是一个语言短语，相应的二元语义形式可以通过函数 θ 获得：

$$\theta: L \to L \times [-0.5,0.5) \in \boldsymbol{L}$$

即

$$\theta(L_i) = (L_i,0), L_i \in \boldsymbol{L}$$

设实数 $\beta \in [0, T]$为语言评价集 $\boldsymbol{L}$ 经某集结方法得到的实数，其中，T 为语言评价集 $\boldsymbol{L}$ 中元素的个数，则 β 可由函数$\varDelta$表示为二元语义

$$\varDelta: [0,T] \to \boldsymbol{L} \times [-0.5,0.5)$$

即

$$\varDelta(\beta) = \begin{cases} L_k, k = \text{round}(\beta) \\ \alpha_k = \beta - k, \alpha_k \in [-0.5,0.5) \end{cases}$$

式中，round 为四舍五入取整算子。

产品初始设计阶段是决定产品成本、性能的关键环节。在评价产品方案

时，要尽量根据产品实现性能和成本（包括生产成本和使用成本）指标值进行产品方案的均衡比较。VIKOR 方法属于多属性决策中最佳妥协解方法之一，能够有效处理功能与成本两类评价指标均衡问题。VIKOR 方法以各方案与理想方案的接近程度作为排序依据，但 VIKOR 方法未考虑决策专家对评价指标的偏好，对此与上述群决策评价指标变权方法相结合，充分利用评审专家个体的不同偏好与多粒度语言评价值，为产品方案评价与择优提供了有效方法。

第二节 基于 VIKOR 的复杂产品方案群决策方法

一、建立复杂产品方案评价体系

由于复杂产品的客户需求、产品组成、产品技术、制造过程不断多样化和复杂化，复杂产品的整个设计是机械、电子、控制等多个领域的一体化协同设计过程。复杂产品设计方案评价指标的选取与多领域协同设计要求从产品的整体性质和功能出发，综合、权衡整体和各组成要素。以数控机床设计方案为例，数控机床是机械、电气、液压、控制等多种技术融为一体的复杂机电系统。在数控机床方案设计阶段尽量提高整机传动精度和刚度，减少振动和热变形影响。而整机动静刚度好，则传动精度高，加工精度也高。整机自动化程度越高，切削效率越高，辅助时间越短，生产效率越高。因此数控机床方案指标包括功能、工作、动力等性能指标，成本、能耗等经济指标，绿色指标等多个评价指标。数控机床运动方案评价指标体系见表 8-2。

表 8-2　数控机床运动方案评价指标体系

评价目标	一级指标	二级指标	三级指标
数控机床运动方案评价指标	性能指标	功能指标	运动精度
			传动精度

续表

评价目标	一级指标	二级指标	三级指标
数控机床运动方案评价指标	性能指标	工作指标	可调节性
			运转速度
			承载能力
		动力指标	耐磨性
			可靠性
	经济指标	经济性指标	设计成本
			制造难易程度
			调整方便性
			能耗
	其他指标	绿色指标	噪声
			环境污染
		结构紧凑性指标	尺寸
			重量
			结构复杂性

二、二元语义的语言评价处理

1. s个专家对产品方案多粒度语言评价，并量化为统一粒度二元语义

由 s 个专家语言评价产品设计方案。根据多粒度语言量化方法，得到第 k 个专家确定的第 i 个方案的第 j 个评价指标的语言评价值。获得单个专家确定的评价指标重要性的矩阵：

$$\boldsymbol{P}_0^k = (p_{ij0}^k)_{m\times n}，\quad k=1,2,\cdots,s$$

根据该矩阵将语言评价值量化为二元语义形式：

$$\boldsymbol{P}^{k'} = [\Delta^{-1}(p_{ij}^{k'})]_{m\times n}，\quad k=1,2,\cdots,s$$

根据文献[11]的方法，将多粒度二元语义评价值转换为统一粒度二元语义形式

$$\boldsymbol{P}^k=(\Delta^{-1}(p_{ij}^k))_{m\times n}，\quad k=1,2,\cdots,s$$

2. 集结 s 个专家评统一粒度二元语义评价值

由几何平均法集结上述 s 个专家的意见，得到 s 个专家确定的第 i 个方案的第 j 个评价指标的得分的平均值为

$$p_{ij}=\left(\prod_{k=1}^{s}v_k\Delta^{-1}(p_{ij}^k)\right)^{1/s}\quad i=1,2,\cdots,m;\ j=1,2,\cdots,n;\ k=1,2,\cdots,s$$

可得由 s 个专家确定的评价指标重要性矩阵：

$$\boldsymbol{P}=(a_{ij})_{m\times s}，\quad i=1,2,\cdots,m;\ j=1,2,\cdots,s$$

3. 确定所有指标的最优解 f_j^* 与最劣解 f_j^-

$$f_j^*=\max_i p_{ij}$$

$$f_j^-=\min_i p_{ij}$$

4. 群决策评价指标权重确定

评价指标权重由上述群决策评价指标变权计算方法，获得评价指标权重

$$\boldsymbol{W}=\{\omega_1\quad \omega_2\quad \cdots\quad \omega_n\}$$

5. 计算所有备选方案的群体效益值 S_i 与个别遗憾度 R_i

$$S_i=\sum_{j=1}^{n}\omega_j(f_j^*-f_{ij})/(f_j^*-f_j^-)$$

$$R_i=\max_j \omega_j(f_j^*-f_{ij})/(f_j^*-f_j^-)$$

6. 计算所有备选方案的折中值

$$Q_j=v(S_i-S^*)/(S^--S^*)+(1-v)(R_i-R^*)/(R^--R^*)$$

式中，$S^*=\min_i S_i$；$S^-=\max_i S_i$；$R^*=\max_i R_i$；$R^-=\min_i R_i$；v 是决策机制系数，当 $v>0.5$ 时，表示根据大多数人的决议制订决策；当 $v=0.5$ 时，表示根据拒绝的情况制订决策；当 $v<0.5$ 时，表示根据赞同的情况制订决策。

7. 比较各个备选方案折中值大小，对备选方案进行优劣排序

以上评价指标权重估计和方案评价步骤流程如图 8-3 所示。

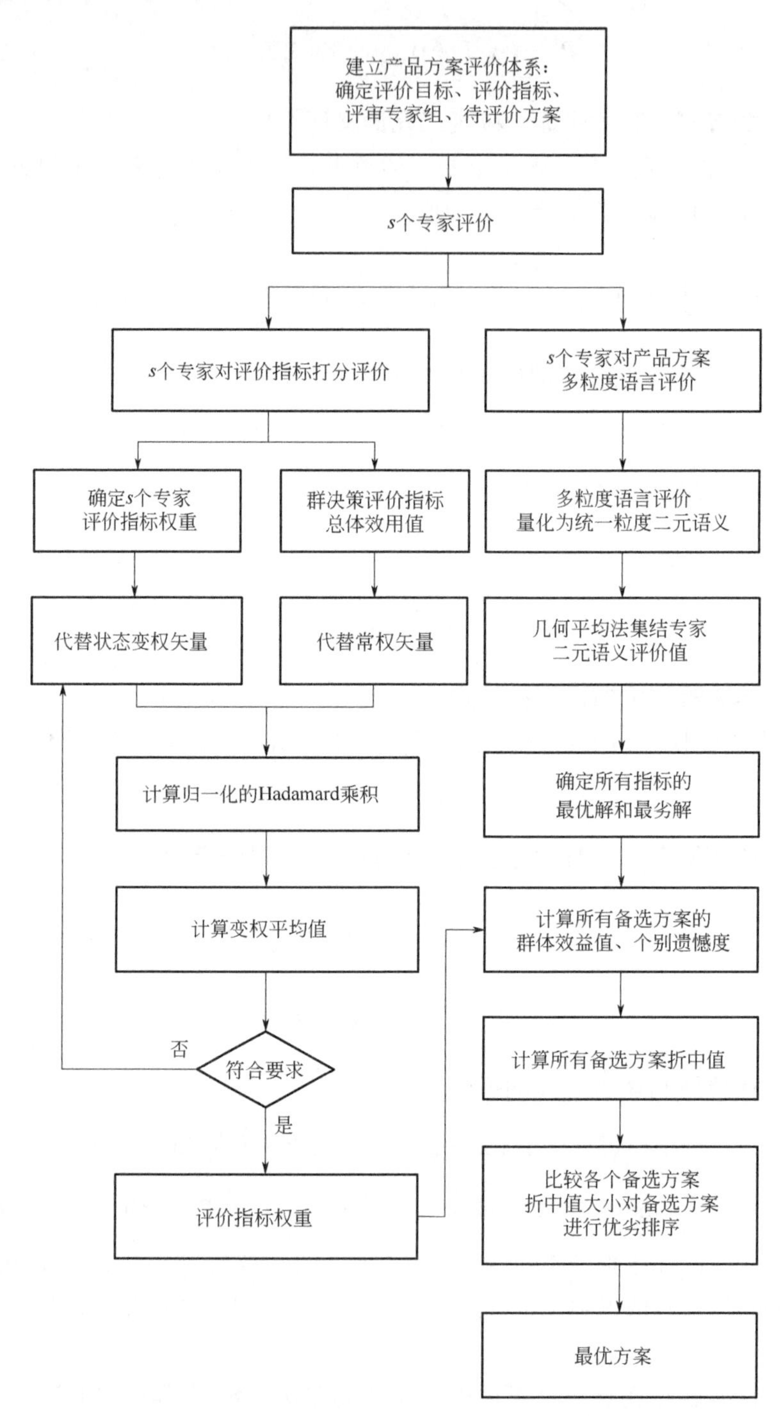

图 8-3　产品布局方案联合变权 VIKOR 群决策流程

第三节
实　　例

数控加工中心是制造业重要的工作母机，运动方案设计阶段需解决原理方案和机构系统的设计问题，但由于方案设计阶段各方面信息仍未确定，不涉及具体机械结构设计的细节，因此，评价指标的选择包括功能原理、技术、经济、安全可靠等几个方面内容。大部分评价依赖数控机床设计专家的知识和经验，从定性角度考虑。尽量使这种专家组定性评价实现数控机床功能、经济等多方面的均衡评价，并通过上述方法对其进行评价决策。

一、方案确定

以四轴数控加工中心运动布局方案选择为例，其运动功能分解如图 8-4 所示，相应运动功能可实现结构方案见表 8-3。

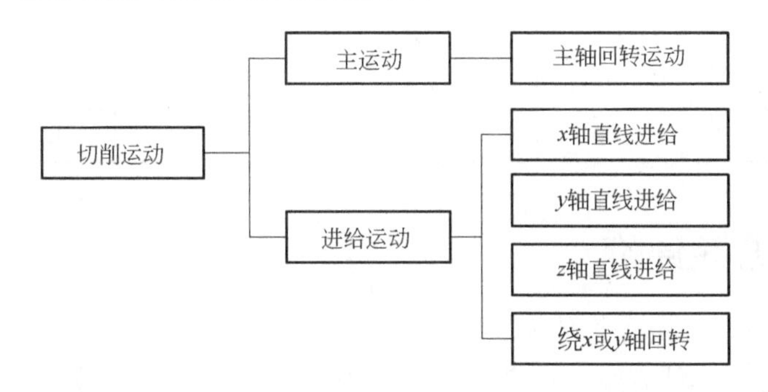

图 8-4　数控加工中心运动功能分解

表 8-3　运动功能结构方案

运动功能	结构方案	优点
X/*Y*/*Z* 直线进给运动	齿轮齿条机构	
	液压缸	
	气压缸	
	电机和滚珠丝杠副的组合	实现将回转运动转化为直线运动，满足直线运动的功能要求，传动效率高、定位精度高、使用寿命长、可双向传动

续表

运动功能	结构方案	优点
$X/Y/Z$ 直线进给运动	直线电机	将电能直接转化成为直线运动机械能的电力传动装置，具有结构简单、适合高速直线运动、易调节、适应性强
A 或 B 回转运动	回转工作台	
主轴回转	电机驱动	
	电主轴	

根据加工中心运动功能分析，主要针对直线运动方式与主轴回转驱动方式所提供的两种方案进行选择，建立加工中心运动功能的形态学矩阵，筛选出表 8-4 所示的 4 种方案。

表 8-4　备选方案

备选方案	U_1	U_2	U_3	U_4
结构布局	卧式	立式	立式	卧式
$X/Y/Z$ 直线运动	直线电机	直线电机	电机与滚珠丝杠副	电机与滚珠丝杠副
A 或 B 回转运动	回转工作台	回转工作台	回转工作台	回转工作台
主轴回转	电主轴	电主轴	电机与传动机构	电机与传动机构

二、方案评价

步骤（1）确定评价体系。

针对上述 4 种方案，由 3 位专家进行评价，专家权重分别为 0.3，0.4，0.3。表 8-2 数控机床运动方案评价体系选取的评价指标：C_1 为运动精度，C_2 为承载能力，C_3 为耐磨性，C_4 为设计成本，C_5 为能耗。专家使用多粒度语言值评价。

步骤（2）专家对评价指标进行评价，评价结果见表 8-5。

表 8-5　专家对评价指标重要性评价值

评价指标	专家		
	E_1	E_2	E_3
C_1	5	7	5
C_2	7	3	5

续表

评价指标	专家		
	E_1	E_2	E_3
C_3	7	7	7
C_4	5	3	3
C_5	5	5	7

步骤（2）计算专家个体对评价指标的权重代替状态矢量，并获得评价指标群决策权重，以代替常权矢量，具体见表 8-6。

表 8-6　评价指标常权矢量与状态变权矢量

评价指标	常权矢量	状态变权矢量		
	$\boldsymbol{W}^0$ 对应元素	$\boldsymbol{W}_0^1$ 对应元素	$\boldsymbol{W}_0^2$ 对应元素	$\boldsymbol{W}_0^3$ 对应元素
C_1	0.79	0.17	0.28	0.18
C_2	0.52	0.24	0.12	0.18
C_3	0.91	0.24	0.28	0.26
C_4	0.3	0.17	0.12	0.12
C_5	0.67	0.17	0.2	0.26

步骤（3）根据状态权重矢量，计算评价指标变权矢量 $\boldsymbol{W}_k$（k=1, 2, 3）及相应的变权平均值 M^k（k=1, 2, 3）。选择 M^k 值最大相应的变权矢量。根据表 8-7 的计算结果确定变权矢量 $\boldsymbol{W}=\boldsymbol{W}_1=\{0.26\ 0.44\ 0.31\ 0.41\ 0.26\}$为评价指标最终权重。

表 8-7　评价指标变权矢量及相应变权平均值

评价指标	变权矢量		
	$\boldsymbol{W}_1$ 对应元素	$\boldsymbol{W}_2$ 对应元素	$\boldsymbol{W}_3$ 对应元素
C_1	0.26	0.44	0.28
C_2	0.44	0.22	0.33
C_3	0.31	0.35	0.33
C_4	0.41	0.29	0.29
C_5	0.26	0.31	0.41
变权平均值 M^k	0.341	0.327	0.331

步骤（4）专家对方案进行多粒度语言评价，见表 8-8。

表 8-8　方案多粒度指标评价

专家	方案	评价指标				
		C_1	C_2	C_3	C_4	C_5
E_1	U_1	L_2^5	L_0^5	L_0^5	L_3^5	L_3^5
	U_2	L_4^5	L_2^5	L_2^5	L_1^5	L_2^5
	U_3	L_4^5	L_2^5	L_2^5	L_1^5	L_2^5
	U_4	L_1^5	L_3^5	L_3^5	L_2^5	L_3^5
E_2	U_1	L_3^7	L_0^7	L_0^7	L_5^7	L_5^7
	U_2	L_6^7	L_3^7	L_2^7	L_1^7	L_2^7
	U_3	L_6^7	L_4^7	L_3^7	L_2^7	L_3^7
	U_4	L_1^7	L_5^7	L_4^7	L_3^7	L_4^7
E_3	U_1	L_4^9	L_7^9	L_0^9	L_2^9	L_2^9
	U_2	L_1^9	L_4^9	L_1^9	L_3^9	L_3^9
	U_3	L_8^9	L_7^9	L_4^9	L_6^9	L_6^9
	U_4	L_6^9	L_5^9	L_2^9	L_4^9	L_4^9

步骤（5）转化为统一粒度二元语义形式，得到评价指标重要性矩阵 $\boldsymbol{P}$，见表 8-9。

表 8-9　方案评价统一粒度二元语义形式

专家	方案	评价指标				
		C_1	C_2	C_3	C_4	C_5
E_1	U_1	$(L_5^9,-0.33)$	$(L_0^9,0)$	$(L_0^9,0)$	$(L_7^9,0)$	$(L_7^9,0)$
	U_2	$(L_9^9,0.33)$	$(L_5^9,-0.33)$	$(L_5^9,-0.33)$	$(L_2^9,0.33)$	$(L_5^9,-0.33)$
	U_3	$(L_9^9,0.33)$	$(L_5^9,-0.33)$	$(L_5^9,-0.33)$	$(L_2^9,0.33)$	$(L_5^9,-0.33)$
	U_4	$(L_2^9,0.33)$	$(L_7^9,0)$	$(L_7^9,0)$	$(L_5^9,-0.33)$	$(L_7^9,0)$
E_2	U_1	$(L_4^9,0.2)$	$(L_0^9,0)$	$(L_0^9,0)$	$(L_7^9,0)$	$(L_7^9,0)$
	U_2	$(L_8^9,0.4)$	$(L_4^9,0.2)$	$(L_3^9,-0.2)$	$(L_1^9,0.4)$	$(L_3^9,-0.2)$
	U_3	$(L_8^9,0.4)$	$(L_6^9,-0.4)$	$(L_4^9,0.2)$	$(L_3^9,-0.2)$	$(L_4^9,0.2)$
	U_4	$(L_1^9,0.4)$	$(L_7^9,0)$	$(L_6^9,-0.4)$	$(L_4^9,0.2)$	$(L_6^9,-0.4)$

续表

专家	方案	评价指标				
		C_1	C_2	C_3	C_4	C_5
E_3	U_1	$(L_4^9,0)$	$(L_7^9,0)$	$(L_0^9,0)$	$(L_2^9,0)$	$(L_2^9,0)$
	U_2	$(L_1^9,0)$	$(L_4^9,0)$	$(L_1^9,0)$	$(L_3^9,0)$	$(L_1^9,0)$
	U_3	$(L_8^9,0)$	$(L_7^9,0)$	$(L_4^9,0)$	$(L_6^9,0)$	$(L_4^9,0)$
	U_4	$(L_6^9,0)$	$(L_5^9,0)$	$(L_2^9,0)$	$(L_4^9,0)$	$(L_2^9,0)$

步骤（6）集结专家方案评价信息，确定所有指标的最优解 f_j^* 与最劣解 f_j^-，见表 8-10。

表 8-10　集结专家组方案评价值

评价方案	评价指标				
	C_1	C_2	C_3	C_4	C_5
U_1	$(L_4^9,0.28)$	$(L_2^9,0.1)$	$(L_0^9,0)$	$(L_7^9,0)$	$(L_7^9,0)$
U_2	$(L_6^9,0.46)$	$(L_4^9,0.28)$	$(L_3^9,-0.2)$	$(L_1^9,0.4)$	$(L_3^9,-0.2)$
U_3	$(L_9^9,-0.44)$	$(L_6^9,-0.26)$	$(L_4^9,0.2)$	$(L_3^9,-0.2)$	$(L_4^9,0.2)$
U_4	$(L_3^9,0.06)$	$(L_6^9,0.4)$	$(L_6^9,-0.4)$	$(L_4^9,0.2)$	$(L_6^9,-0.4)$
f_j^*	$(L_9^9,-0.44)$	$(L_6^9,0.4)$	$(L_6^9,-0.4)$	$(L_7^9,0)$	$(L_7^9,0)$
f_j^-	$(L_3^9,0.06)$	$(L_2^9,0.1)$	$(L_0^9,0)$	$(L_1^9,0.4)$	$(L_3^9,-0.2)$

步骤（7）计算所有备选方案的群体效益值 S，个别遗憾度 R 及折中值 Q，二元语义 β 值形式见表 8-11。

表 8-11　群体效益值 S 与个别遗憾度 R 及折中值 Q 计算结果

项目	评价方案			
	U_1	U_2	U_3	U_4
S	0.68	0.63	0.31	0.305
R	0	0.07	0	0
Q	0.5	0.066	0.99	1

步骤（8）分别根据备选方案的群体效益值 S，个别遗憾度 R 及折中值 Q 大小进行排序（越小越好），见表 8-12。

表 8-12　分别根据 S，R 及 Q 值方案排序结果

项目	方案排序			
	1	2	3	4
S	U_4	U_3	U_2	U_1
R	U_4	U_3	U_1	U_2
Q	U_2	U_1	U_3	U_4

为达到均衡评价，按折中值 Q 大小进行方案排序，根据评判准则且满足可接受的决策可信度条件，同时接受方案 1 和方案 2 为最优方案。

经专家评审，在给出评价指标和考虑经济性前提下，卧式数控加工中心工作范围广，加工要求适应性较好。但布局形式要视不同加工工件具体工艺要求决定，在此不再讨论。

群决策常权与变权评价结果分析见表 8-13。

表 8-13　群决策常权与变权评价结果分析

项目	方案排序			
	1	2	3	4
常权	U_3	U_4	U_1	U_2
变权	U_2	U_1	U_3	U_4

群决策变权 VIKOR 法与 TOPSIS 法评价结果比较见表 8-14。

表 8-14　群决策变权 VIKOR 法与 TOPSIS 法评价结果比较

项目	方案排序			
	1	2	3	4
TOPSIS	U_3	U_4	U_2	U_1
群决策变权 VIKOR	U_2	U_1	U_3	U_4

图 8-5 是专家个体对评价指标权重、群决策常权以及评价指标最终权重对比，ω为评价指标权重。由图 8-5 可知，联合变权方法所确定评价指标最终权重起到了有效调节专家个体对评价指标的权重和群决策权重的作用。

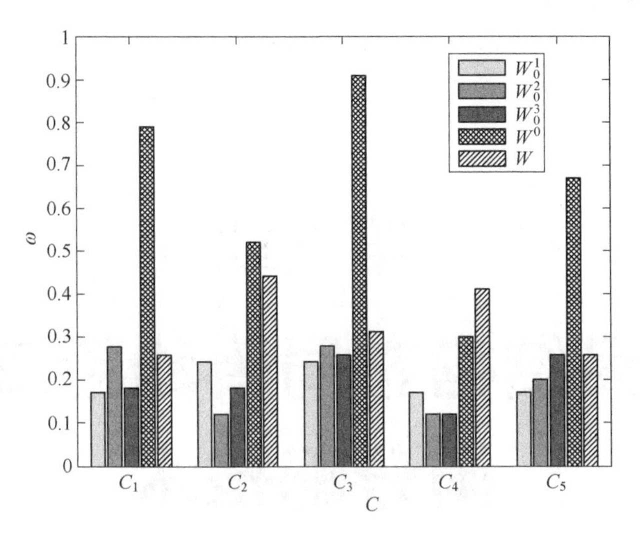

图 8-5　评价指标权重比较

本章小结

（1）产品方案设计阶段各方面信息仍未确定，需专家凭借经验知识定性评价。在实际分析中，评审专家受个人偏好与专业背景的影响，给出的评价指标权重不同，且在方案评价决策中难以达到性能指标与经济性指标的均衡。本章提出的复杂产品方案联合变权 VIKOR 群决策方法实现了评价指标权重不确定性的产品方案性能指标与成本指标均衡评价过程。

（2）定义了变权平均值，给出了群决策指标联合变权计算方法。利用联合分析最小二乘回归进行评估，所得评价指标总体效用值代替常权矢量，由专家个体给出的指标权重矢量代替状态变权矢量，缩小了变权范围，有效解决了专家个体对评价指标权重不同偏好而引起的评价指标的不确定性，并将其融入基于 VIKOR 的多粒度语言群决策过程，进行折中值排序，实现了复杂产品初始设计阶段，性能与经济指标下产品方案均衡评价，提高了优选合理性。以数控加工中心运动方案决策为例，验证了所提出方法的可行性和有效性。

（3）复杂产品方案评价中评价指标多，且评价指标之间具有一定关联性，由该关联关系引起的评价指标变权问题尚需进一步研究。

第九章

产品结构布局传动精度均衡分配技术

精度是机械产品重要的性能指标，精度设计是方案设计的关键内容。传动零部件是构成复杂产品的主要机械元素，其精度分配合理与否直接影响整个复杂产品的工作精度水平。因此，对机械产品运动链传动部件进行有效的误差分析和精度分配，以达到精度与制造成本的均衡设计，是复杂产品精度设计中很有价值的工作。

机械产品的精度性能设计与制造成本之间存在着关联。虽然高精度水平能生产高精度产品，但过高的精度水平会大大增加复杂产品制造成本。传统的精度分配方法主要依赖设计人员的设计经验和知识。现代精度分配方法研究集中在误差参数识别和零部件精度分配或综合两个方面。现有精度设计方法主要围绕面向零件或组件详细设计的尺寸公差优化分配问题，针对机械产品初始传动系统精度方案设计的研究相对较少，且现有产品空间运动误差建模方法缺乏几何意义。

针对此，本章提出产品结构布局传动精度均衡分配技术，给出运动链综合运动误差矩阵，描述传动部件误差参数与空间运动误差之间的映射关系。利用螺旋理论，建立传动系统空间运动误差螺旋模型，形式化表达传动系统空间运动误差几何意义。以制造成本、空间运动误差螺旋螺距及其大小为设计准则，构建传动系统精度优化分配模型。给出基于拉格朗日乘子和梯度下降算子的改进 NSGA-Ⅱ算法，求解 Pareto 解集，并借助 VIKOR 方法分析精度分配方案 Pareto 解集，得到最终均衡分配方案。

第一节
空间运动误差模型构建

一、传动系统误差溯源

将机械产品看作刚体系统进行研究。单个刚体具有 6 个自由度，同理传动部件在产品的工作空间中运动时，通常会产生 6 个运动误差，分别是沿 x 轴、y 轴和 z 轴的移动误差和绕 x 轴、y 轴和 z 轴的转动误差，如图 9-1 所示。

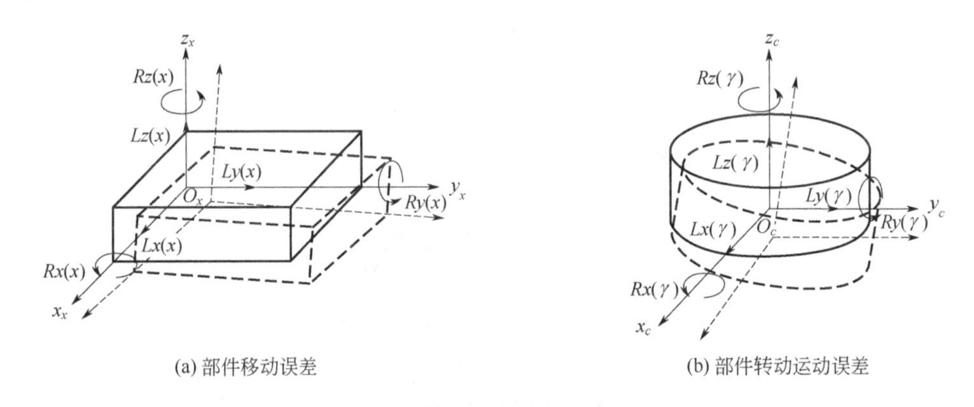

图 9-1　传动部件运动误差分析

传动部件运动误差产生原因很多，包括连接误差、传动装置制造精度和人工装配误差等。在此，主要研究机械传动部件制造精度和装配精度与部件运动误差的关系。以四轴立式数控机床为研究对象，根据相关资料进行误差源分析，可以得出的结论有：移动误差主要由导轨的垂直面内的直线度和水平面内的直线度决定，如图 9-2（a）中的Δ_1和Δ_2；滚转误差由导轨副平行度决定，如图 9-2（a）中的Δ_3；定位误差由丝杠螺距累积误差决定，如图 9-2（b）中的Δ_4；颠簸误差主要由导轨垂直面直线度和移动部件长度决定；偏摆误差主要由导轨水平面直线度和移动部件长度决定，见表 9-1。同样，转动轴部件的运动误差主要由分度蜗轮齿距累积误差和蜗轮蜗杆副轴线角度误差决定，如图 9-2（c）中的Δ_5和图 9-2（d）中的Δ_6、Δ_7。运动误差与移动部件误差参数之间的关系见表 9-1，运动误差与回转部件误差参数之间的关系见

表 9-2。此外，由于安装原因，各坐标轴之间存在垂直度误差 S_{xy}、S_{yz}、S_{zx}，并对其进行近似表达，如图 9-3 中的Δ_8、Δ_9、Δ_{10}、Δ_{11}、Δ_{12} 和Δ_{13}。

考虑到运动误差是随工作空间点位置变化的变量，在机械产品精度方案设计时，定义传动部件在工作行程中的最大误差值为传动系统精度分配误差参数，见表 9-3。

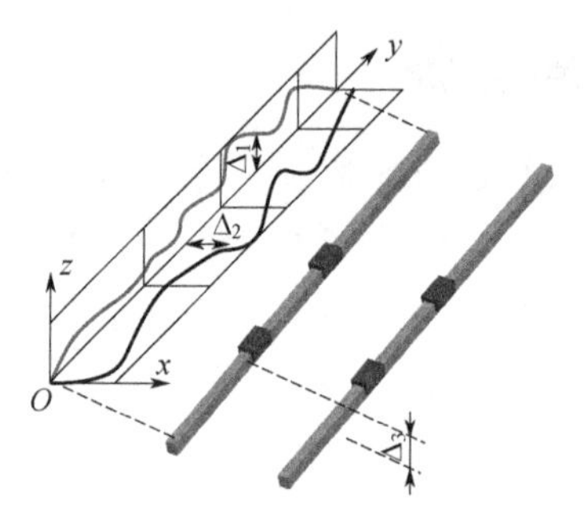

(a) 导轨直线度及平行度

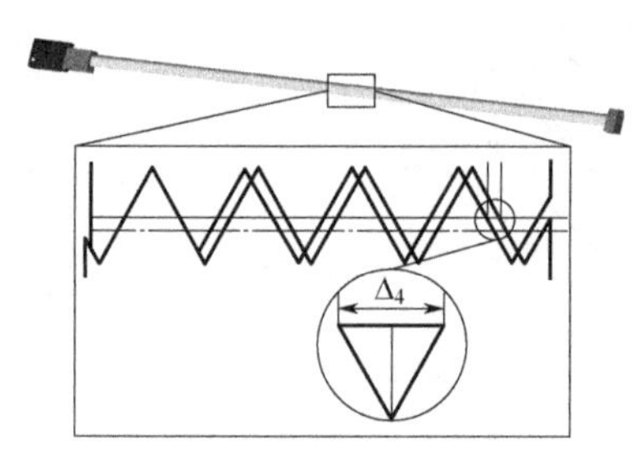

(b) 丝杠螺距累积误差

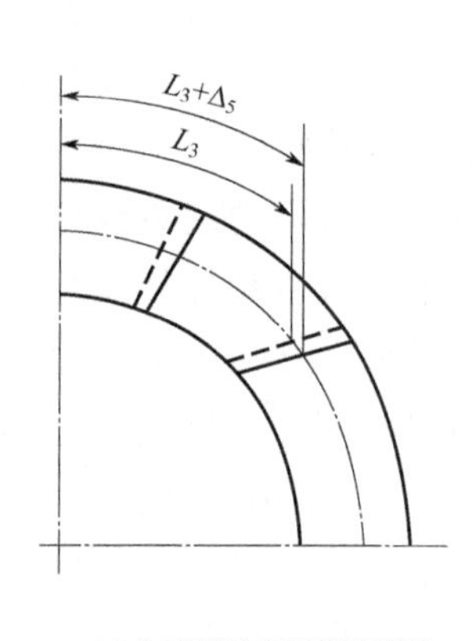

(c) 分度蜗轮齿距累积误差

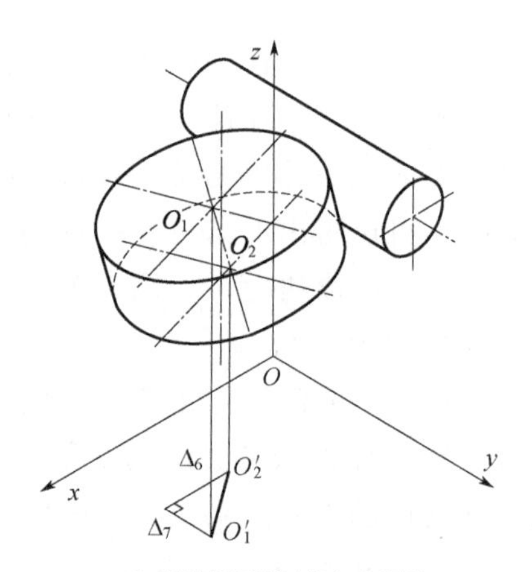

(d) 蜗轮蜗杆副轴线角度误差

图 9-2　关键传动部件误差

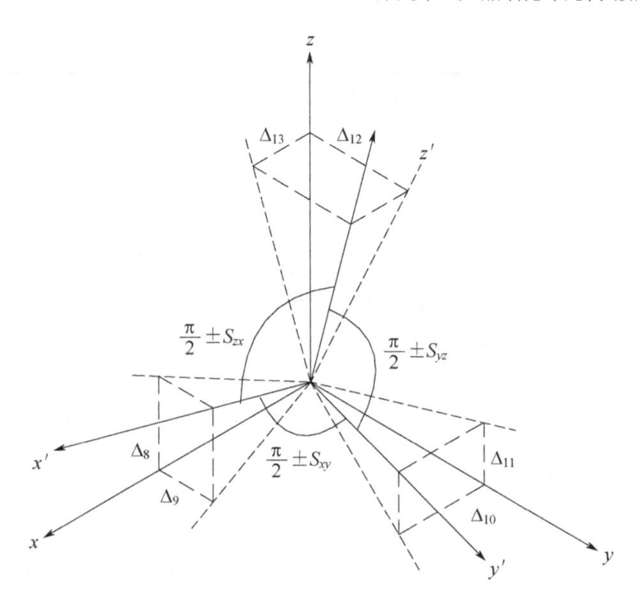

图 9-3　垂直度误差及其近似表达

表 9-1　六项运动误差与移动部件误差参数关系

x 轴移动误差	y 轴移动误差	z 轴移动误差	x 轴回转误差	y 轴回转误差	z 轴回转误差
$L_z(x)=\Delta_1(x)$	$L_y(x)=\Delta_2(x)$	$L_x(x)=\Delta_4(x)$	$R_x(x)=\Delta_3(x)$	$R_y(x)=0$	$R_z(x)=0$
$L_z(y)=\Delta_1(y)$	$L_x(y)=\Delta_2(y)$	$L_y(y)=\Delta_4(y)$	$R_y(y)=\Delta_3(y)$	$R_x(y)=0$	$R_z(y)=0$
$L_y(z)=\Delta_1(z)$	$L_x(z)=\Delta_2(z)$	$L_z(z)=\Delta_4(z)$	$R_z(z)=\Delta_3(z)$	$R_x(z)=0$	$R_y(z)=0$

表 9-2　六项运动误差与转动部件误差参数关系

x 轴移动误差	y 轴移动误差	z 轴移动误差	x 轴回转误差	y 轴回转误差	z 轴回转误差
$L_x(\gamma)=0$	$L_y(\gamma)=0$	$L_z(\gamma)=0$	$R_x(\gamma)=\Delta_6(\gamma)$	$R_y(\gamma)=\Delta_7(\gamma)$	$R_z(\gamma)=\Delta_5(\gamma)$

表 9-3　面向传动系统精度分配设计的误差参数定义

精度分配误差参数	传动部件最大误差参数	误差参数描述
x_1	$\Delta_1(x)_{max}$	x 轴导轨垂直面内直线度最大值
x_2	$\Delta_1(y)_{max}$	y 轴导轨垂直面内直线度最大值
x_3	$\Delta_1(z)_{max}$	z 轴导轨垂直面内直线度最大值
x_4	$\Delta_2(x)_{max}$	x 轴导轨水平面内直线度最大值
x_5	$\Delta_2(y)_{max}$	y 轴导轨水平面内直线度最大值
x_6	$\Delta_2(z)_{max}$	z 轴导轨水平面内直线度最大值

续表

精度分配误差参数	传动部件最大误差参数	误差参数描述
x_7	$\Delta_3(x)_{max}$	x 轴导轨副平行度最大值
x_8	$\Delta_3(y)_{max}$	y 轴导轨副平行度最大值
x_9	$\Delta_3(z)_{max}$	z 轴导轨副平行度最大值
x_{10}	$\Delta_4(x)_{max}$	x 轴丝杠螺距误差最大值
x_{11}	$\Delta_4(y)_{max}$	y 轴丝杠螺距误差最大值
x_{12}	$\Delta_4(z)_{max}$	z 轴丝杠螺距误差最大值
x_{13}	$\Delta_5(\gamma)_{max}$	蜗轮齿距螺距累积误差最大值
x_{14}	$\Delta_6(\gamma)_{max}$	蜗轮蜗杆副轴线角度误差 x 轴方向最大值
x_{15}	$\Delta_7(\gamma)_{max}$	蜗轮蜗杆副轴线角度误差 y 轴方向最大值
x_{16}	$\Delta_{9max}+\Delta_{10max}$	x 轴与 y 轴之间垂直度最大近似值
x_{17}	$\Delta_{11max}+\Delta_{12max}$	y 轴与 z 轴之间垂直度最大近似值
x_{18}	$\Delta_{8max}+\Delta_{13max}$	z 轴与 x 轴之间垂直度最大近似值

二、运动误差矩阵分析

1. 相邻体之间误差变换关系

产品传动系统可看作若干个刚体的组合。相邻体之间的运动关系由相应的坐标变换表示。设刚体 i 和刚体 j 的坐标分别为 $\boldsymbol{O}_i=(x_i \quad y_i \quad z_i)^{\mathrm{T}}$ 和 $\boldsymbol{O}_j=(x_j \quad y_j \quad z_j)^{\mathrm{T}}$。利用齐次坐标变换矩阵表达相邻体之间的运动关系，齐次坐标变换矩阵 M_{ij} 为 4×4 矩阵

$$\boldsymbol{M}_{ij}=\begin{pmatrix} n_x & o_x & a_x & p_x \\ n_y & o_y & a_y & p_y \\ n_z & o_z & a_z & p_z \\ 0 & 0 & 0 & 1 \end{pmatrix} \tag{9-1}$$

其中，左上 3×3 矩阵表示相邻体之间姿态关系；右上 3×1 矢量表示两者之间的位置关系。左下 1×3 矢量为透视矢量，取值均为 0；右下 1×1 元素为比例因子，取值为 1。

两个相邻体的坐标扩展为齐次坐标 $\boldsymbol{O}_i'=(x_i \quad y_i \quad z_i \quad 1)^{\mathrm{T}}$ 和 $\boldsymbol{O}_j'=(x_j \quad y_j \quad z_j \quad 1)^{\mathrm{T}}$。利用齐次变换，图 9-4 中 $\boldsymbol{O}_j$ 与 $\boldsymbol{O}_i$ 之间齐次变换关系表示如下：

$$\boldsymbol{O}'_j = \boldsymbol{M}_{ij}\boldsymbol{O}'_i$$

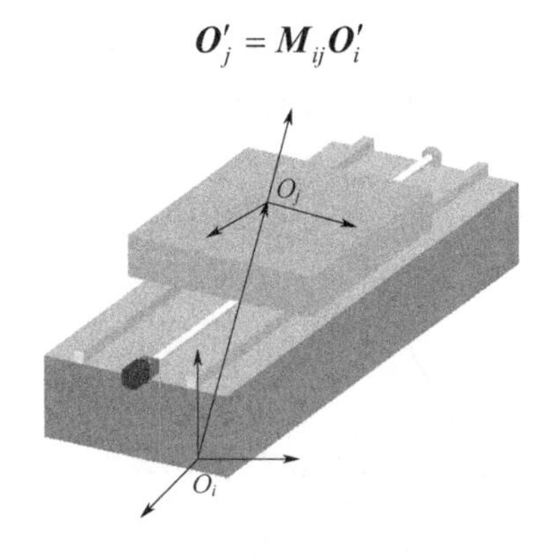

图 9-4　相邻体坐标变换关系

同样，在微小角度误差运动的情况下，根据式（9-1）和小角近似值，传动系统中相邻体之间的误差运动矩阵定义为

$$\boldsymbol{M}'_{ij} = \begin{pmatrix} 1 & -\varepsilon_{ijz} & \varepsilon_{ijy} & e_{ijx} \\ \varepsilon_{ijz} & 1 & -\varepsilon_{ijx} & e_{ijy} \\ -\varepsilon_{ijy} & \varepsilon_{ijx} & 1 & e_{ijz} \\ 0 & 0 & 0 & 1 \end{pmatrix} \tag{9-2}$$

式中，ε_{ijx}、ε_{ijy}、ε_{ijz}表示相邻体绕 x 轴、y 轴、z 轴的近似微小回转角度误差；e_{ijx}、e_{ijy}、e_{ijz}表示相邻体沿 x 轴、y 轴、z 轴的移动误差。

2. 运动链空间误差矩阵

考虑运动轴的误差是由传动部件的设计、制造与装配引起的，空间运动误差定义为复杂产品运动链上所有运动轴运动误差的综合。图 9-5 给出了复杂产品误差运动链坐标系，其中 R_0 表示全局坐标系，理想坐标系统 R_1、R_k、R_{k+1}、R_{q-1}、R_q 和实际坐标系统 R'_1、R'_k、R'_{k+1}、R'_{q-1}、R'_q 之间存在偏差。

利用运动误差矩阵描述运动链中相邻运动部件坐标之间的相对运动关系，传动系统空间误差定义为运动链中各相邻坐标齐次变换矩阵相乘，表示为 $\boldsymbol{E}$。

$$\boldsymbol{X}_0 = \boldsymbol{M}'_{01}\boldsymbol{M}'_{12}\cdots\boldsymbol{M}'_{ij}\cdots\boldsymbol{M}'_{q-1,q}\boldsymbol{X}_q$$

$$\boldsymbol{E} = \boldsymbol{M}'_e = \boldsymbol{M}'_{01}\boldsymbol{M}'_{12}\cdots\boldsymbol{M}'_{ij}\cdots\boldsymbol{M}'_{q-1,q} = \begin{pmatrix} 1 & -\varepsilon_z & \varepsilon_y & e_x \\ \varepsilon_z & 1 & -\varepsilon_x & e_y \\ -\varepsilon_y & \varepsilon_x & 1 & e_z \\ 0 & 0 & 0 & 1 \end{pmatrix} \tag{9-3}$$

式中，ε_x、ε_y、ε_z、e_x、e_y 和 e_z 分别表示传动系统末端坐标绕 x 轴、y 轴、z 轴的回转误差和沿 x 轴、y 轴、z 轴的移动误差。

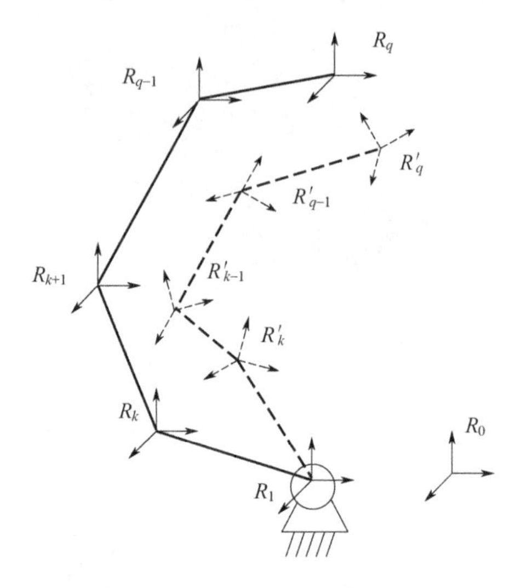

图 9-5　运动链坐标系统实际位置与理想位置偏离

三、基于螺旋理论的空间运动误差综合

1. 螺旋理论分析

为了使传动系统空间运动误差表达更具几何意义，在此利用螺旋理论综合空间运动误差的六个分量。由螺旋理论的定义可知，螺旋指的是绕特定轴线转动和沿该轴线移动的合成运动，如图 9-6 所示。该轴线称为螺旋轴线，利用 Plücker 坐标表示单位螺旋如式（9-4）所示。

$$\$ = \begin{pmatrix} \boldsymbol{s} \\ \boldsymbol{r} \times \boldsymbol{s} + h\boldsymbol{s} \end{pmatrix} = \begin{pmatrix} \boldsymbol{s} \\ \boldsymbol{s}_0 + h\boldsymbol{s} \end{pmatrix} = (s_1 \quad s_2 \quad s_3 \quad s_4 \quad s_5 \quad s_6)^{\mathrm{T}} \tag{9-4}$$

式中，$\boldsymbol{s}$ 表示螺旋轴线上的单位矢量；$\boldsymbol{r}$ 表示螺旋轴线上某一点的位置矢量；h 被称为螺距，表示沿螺旋轴线的移动距离与绕轴线转动角度的比率；m 表示该螺旋的大小。h 和 m 的计算公式见式（9-5）和式（9-6）。

$$h = \frac{\boldsymbol{S} \cdot \boldsymbol{S}_0}{\boldsymbol{S} \cdot \boldsymbol{S}} = \frac{s_1 s_4 + s_2 s_5 + s_3 s_6}{s_1^2 + s_2^2 + s_3^2} \tag{9-5}$$

$$m = \sqrt{s_1^2 + s_2^2 + s_3^2} \tag{9-6}$$

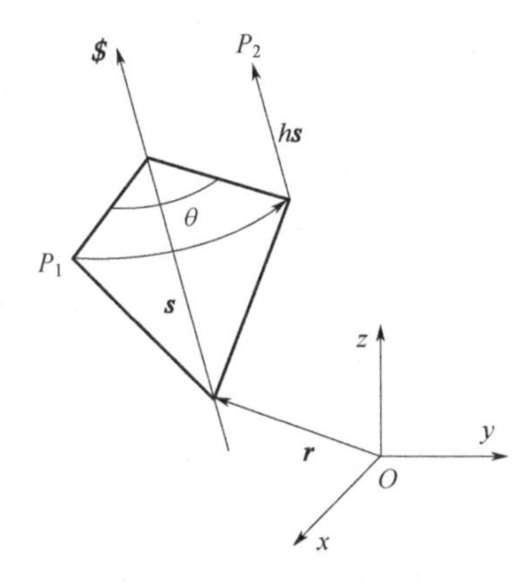

图 9-6　螺旋构成

2. 空间运动误差综合

为了实现复杂产品传动系统精度分配，且更具有几何意义的直观性，将空间运动误差矩阵 $\boldsymbol{E}$ 转换为空间误差螺旋 $m_E\$_E$ 研究精度分配建模问题。根据空间误差矩阵 $\boldsymbol{E}$ 公式（9-3）和螺旋定义式（9-4）～式（9-6），空间运动误差螺旋 $m_E\$_E$ 定义为

$$m_E\$_E=(\varepsilon_x \quad \varepsilon_y \quad \varepsilon_z \quad e_x \quad e_y \quad e_z)^{\mathrm{T}}$$

$$h_E=\frac{\varepsilon_x\times e_x+\varepsilon_y\times e_y+\varepsilon_z\times e_z}{\sqrt{\varepsilon_x^2+\varepsilon_y^2+\varepsilon_z^2}} \tag{9-7}$$

$$m_E=\sqrt{\varepsilon_x^2+\varepsilon_y^2+\varepsilon_z^2} \tag{9-8}$$

式中，m_E表示空间运动误差螺旋大小；$\$_E$表示空间运动误差单位螺旋；$h_E$表示空间运动误差螺旋螺距。

第二节　传动系统精度优化分配流程

一、多目标 Pareto 支配求解

1. 精度-成本函数

精度与零部件制造成本之间存在一定的关系，零部件过高的精度要求会

引起制造成本的增加。在复杂产品精度方案设计阶段，必须考虑制造成本最小化问题。

目前有很多学者已提出了公差与制造成本之间的关系模型，比如倒数型、倒数平方型、幂指数型、指数型、线性、三次多项式和四次多项式等。进行复杂产品方案设计时，需对制造成本进行粗略估计。零件在中等批量生产模式下制造成本计算模型如式（9-9）所示。

$$MC = \frac{A + B}{T} \tag{9-9}$$

式中，T 表示零部件精度，根据误差值不确定度计算可得；A 表示固定成本，其数值不影响成本优化计算，可忽略；B 表示单个零件成本，为计算方便，在此取值为 1。

产品传动系统总制造成本粗略计算公式如式（9-10）所示。

$$\begin{cases} Cost_{\Sigma} = MC_x + MC_y + MC_z + MC_c \\ MC_x = \dfrac{1}{T_{screwx}} + \dfrac{1}{T_{guidelinex}} \\ MC_y = \dfrac{1}{T_{screwy}} + \dfrac{1}{T_{guideliney}} \\ MC_z = \dfrac{1}{T_{screwz}} + \dfrac{1}{T_{guidelinez}} \\ MC_c = \dfrac{1}{T_{wormgear}} \end{cases} \tag{9-10}$$

式中，$Cost_{\Sigma}$ 表示总制造成本；MC_x、MC_y、MC_z、MC_c 分别表示 x 轴、y 轴、z 轴传动部件制造成本和蜗杆传动装置成本；T_{screwx}、T_{screwy}、T_{screwz} 分别表示 x 轴、y 轴、z 轴传动丝杠精度值；$T_{guidelinex}$、$T_{guideliney}$、$T_{guidelinez}$ 分别表示 x 轴、y 轴、z 轴导轨精度值；$T_{wormgear}$ 表示蜗轮蜗杆副综合精度值。

2．传动系统精度分配多目标优化模型

机械产品在实际工作过程中的工作精度由多种因素决定，包括热误差、动静刚度误差、载荷误差、传动误差、安装误差等，表示为 $\Delta E = E_0 + E_a + E_l + E_t + E_k$，其中 ΔE 为总工作精度、E_0 为传动误差、E_a 为安装误差、E_l 为载荷误差、E_t 为热误差及 E_k 为其他误差。在产品方案设计阶段，传动系统空间误差大小 m_E 应当小于产品工作精度要求，即

$$m_E = E_0 \leqslant \Delta E \tag{9-11}$$

以传动系统空间运动误差大小为约束，以传动系统空间运动误差螺距最小和制造成本最小为目标，构建传动系统精度分配多目标优化模型如下：

以 $\boldsymbol{F}=[f_1, f_2]^{\mathrm{T}}$ 为优化目标，包括

$$\text{Minimize} \quad f_1 = h_E = \frac{\varepsilon_x e_x + \varepsilon_y e_y + \varepsilon_z e_z}{m_E}$$

$$\text{Minimize} \quad f_2 = Cost_{\Sigma} = MC_x + MC_y + MC_z + MC_c$$

式中，$MC_x = \dfrac{1}{T_{screwx}} + \dfrac{1}{T_{guidelinex}}$；$MC_y = \dfrac{1}{T_{screwy}} + \dfrac{1}{T_{guideliney}}$；$MC_z = \dfrac{1}{T_{screwz}} + \dfrac{1}{T_{guidelinez}}$；$MC_c = \dfrac{1}{T_{wormgear}}$。

设计变量为 X

$$\text{s.t.}$$

$$m_E = \sqrt{\varepsilon_x^2 + \varepsilon_y^2 + \varepsilon_z^2} \leqslant \Delta E$$

$0 \leqslant x_i, 1 \leqslant i \leqslant n$，$n$ 为设计变量数。

3. 约束处理

上述精度分配模型属于不等式约束非线性优化问题。对于不等式约束，利用拉格朗日乘子法将不等式约束与目标函数集成转化为等价的优化问题。引入松弛变量 z，构建扩展拉格朗日函数

$$L_A(x, \lambda, z, r_p) = f_1(x) + \lambda\left[g(x) + z^2\right] + \frac{r_p}{2}\left[g(x) + z^2\right]^2 \tag{9-12}$$

式中，$g(x) = m_E - \Delta E$。

根据函数存在无约束极值的必要条件，扩展拉格朗日函数在最优点处对松弛变量的偏导应为零，可导出不含松弛变量的不等式约束优化问题的扩展拉格朗日函数为

$$L(X, \lambda, r_p) = f_1(X) + \frac{1}{2r_p^v}[\lambda^{(v+1)^2} - \lambda^{v^2}] \tag{9-13}$$

式中，$\lambda^{(v+1)} = \lambda^v + 2r_p^v g(X^v)$；$v$ 为更新次数。

然而，拉格朗日乘子 λ 和惩罚因子 r_p 的数值是未知的。为了搜索准确的拉格朗日乘子 λ 和惩罚因子 r_p 的数值，结合 NSGA-Ⅱ算法更新 λ 和 r_p 的数值。

$$r_p^{v+1}=\begin{cases}2r_p^v & \left|g(X^v)\right|>\varepsilon_g\\ r_p^v-0.255r_p^v & \left|g(X^v)\right|<\varepsilon_g\end{cases} \tag{9-14}$$

设定惩罚因子与拉格朗日乘子之间存在式（9-15）所示的关系，以保证收敛过程。

$$r_p\geqslant\frac{1}{2}\sqrt{\frac{|\lambda|}{\varepsilon_g}} \tag{9-15}$$

因此，精度分配多目标优化问题转化为如下模型

$$\begin{cases}x_i,1\leqslant i\leqslant 18\\ \min\quad F_1=L(X,\lambda,r_p)=f_1(X)+\dfrac{1}{2r_p^v}(\lambda^{(v+1)^2}-\lambda^{v^2})\\ \min\quad F_2=f_2(X)\\ \qquad 0\leqslant x_i,1\leqslant i\leqslant 18\\ \qquad \lambda^0=0\\ \text{s.t.}\quad r_p^0=1\\ \qquad \varepsilon_g=0.0001\\ \qquad r_p\geqslant\dfrac{1}{2}\sqrt{\dfrac{|\lambda|}{\varepsilon_g}}\end{cases} \tag{9-16}$$

4. 改进 NSGA-II 的 Pareto 优化

借助改进的 NSGA-Ⅱ算法，结合梯度下降算法改进种群，求解精度分配方案 Pareto 解集。通常的 NSGA-Ⅱ算法根据拥挤距离进行排列和选择种群前沿，利用标准的交叉算子和多项式算子对种群进行合并生产下一代种群，最后根据非支配排序选择最终的解集。利用梯度下降算子，对改进 NSGA-Ⅱ算法进行修正，在非支配操作之前进行梯度下降计算，优选种群。改进的 NSGA-Ⅱ算法步骤如下。

步骤（1）根据数学模型初始化种群。

步骤（2）遗传操作：根据拥挤距离比较算子进行选择个体。

步骤（3）梯度下降算子操作：利用梯度下降算子计算获得局部下一代种群。梯度下降局部搜索策略在 $x=x_R$ 时使目标函数 $F(x)$值最小。通过 $x_{k+1}=x_k+\delta_k d_k$，$k=0, 1, \cdots$计算产生下一代种群，其中 δ_k 是步长，d_k 是$-\delta F(x_k)$的梯度方向。为了获得局部搜索目标函数 $F(x)$，在此将优化模型的两个优化目标函数进行合成操作。因此，单目标局部搜索目标函数可表示为 $F(x)=\beta_1F_1+\beta_2F_2$ 且

$\beta_1=\beta_2\in(0,1)$，$\beta_1+\beta_2=1$。

步骤（4）非支配排序：利用非支配准则对局部种群进行排序。

步骤（5）拥挤距离计算：计算拥挤距离，根据排序和拥挤距离选择个体。

步骤（6）重新组合与选择：合成下一代种群和当前种群，选择操作进行到种群数为止。

二、分配方案均衡决策

VIKOR 方法是用于离散决策的多属性决策分析方法。借助 VIKOR 方法从精度分配 Pareto 解集确定较合理的分配方案。该问题可描述为以下多属性决策问题：

$$\underset{j}{\mathrm{mco}}\left\{(f_{ij}(A_j),j=1,\cdots,J),i=1,\cdots,n\right\}$$

式中，J 表示可行的精度分配方案个体数，即 Pareto 解集中方案个体数量，方案通过个体与理想个体之间的相近程度进行排序；$\boldsymbol{A}_j=\{x_1,\ x_2\ldots\}$是第 j 个可选方案；f_{ij} 表示分配方案 $\boldsymbol{A}_i$ 的第 j 个精度参数值；n 表示精度参数数量；mco 表示多属性决策选择计算算子。VIKOR 方法主要以计算个体方案的 L_p 值为依据，进行决策分析。

$$L_{pi}=\left\{\sum_{j=1}^{n}[(f_j^*-f_{ij})/(f_j^*-f_j^-)]^p\right\}^{1/p}$$

精度方案选择 $L_{1,i}(S_i)$和 $L_{\infty,i}(R_i)$，基于 VIKOR 方法的精度分配方案优选步骤如下。

步骤（1）确定精度方案的最理想值和最差值

$$f_j^*=\max_i f_{ij}$$

$$f_j^-=\min_i f_{ij}$$

步骤（2）计算 S_i 和 R_i 值

$$S_i=\sum_{j=1}^{n}\omega_j(f_j^*-f_{ij})/(f_j^*-f_j^-) \tag{9-17}$$

$$R_i=\max_j \omega_j(f_j^*-f_{ij})/(f_j^*-f_j^-) \tag{9-18}$$

式中，ω_j 是精度参数权重，表示相对重要程度。

步骤（3）计算 Q_i，$i=1, 2, \cdots, m$

$$Q_j=v(S_i-S^*)/(S^--S^*)+(1-k)(R_i-R^*)/(R^--R^*) \tag{9-19}$$

式中，$S^* = \min_i S_i$；$S^- = \max_i S_i$；$R^* = \min_i R_i$；$R^- = \max_i R_i$；k 表示指标权重，k=0.5。

步骤（4）依据 S、R 和 Q 值，对分配方案进行排序。

步骤（5）根据决策准则选择最终最优方案。

基于改进的 NSGA-Ⅱ和 VIKOR 方法的精度优化分配算法流程，如图 9-7 所示。

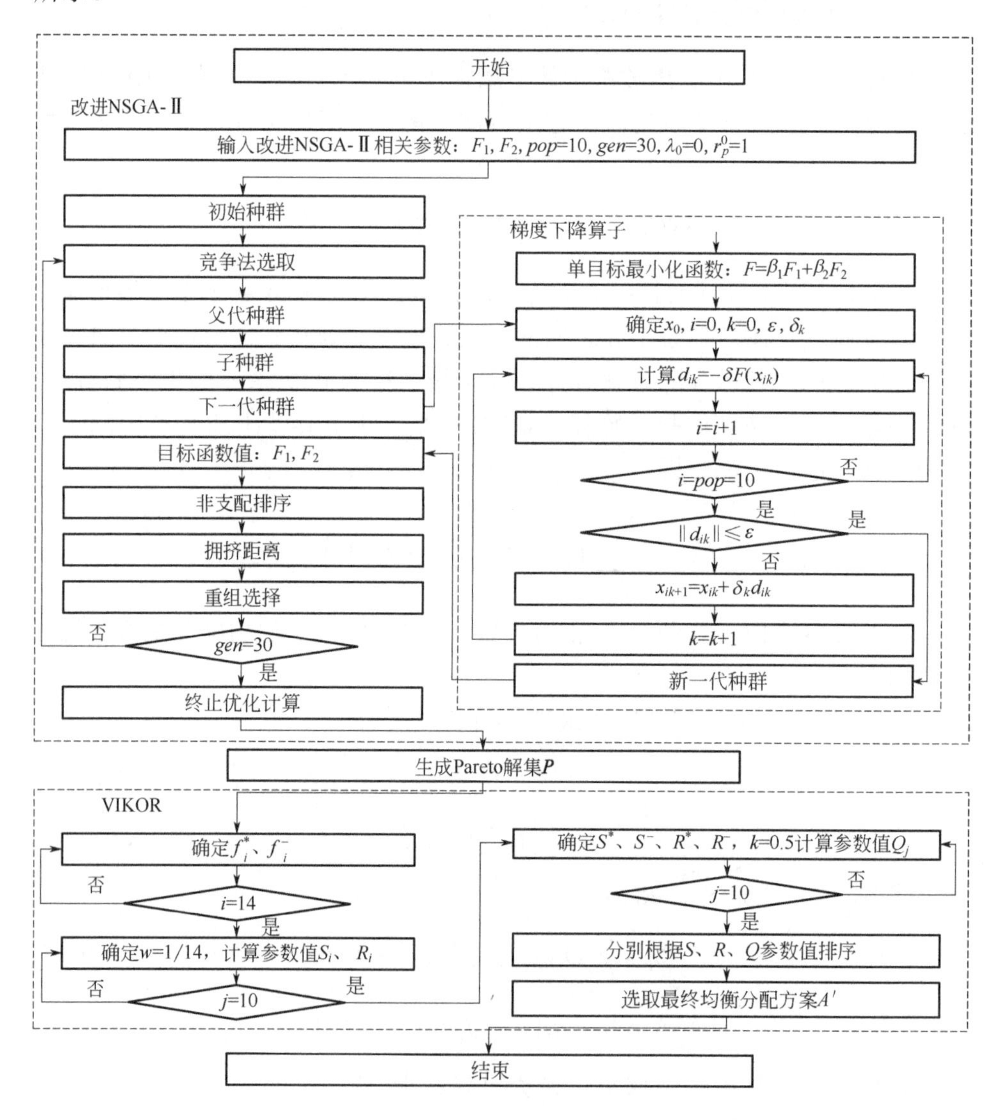

图 9-7　基于改进的 NSGA-Ⅱ和 VIKOR 方法的精度优化分配算法流程

第三节 实 例

设计四轴数控机床组成及运动链，如图 9-8 所示，工作条件：x、y、z 轴行程分别为 2500mm、2500mm、1000mm，最大加工精度 0.05mm。根据以上方法建立四轴机床传动系统空间运动误差螺旋模型，以关键传动件误差参数为设计变量，以最小化制造成本和最小化空间运动误差螺距为目标函数，以空间运动误差螺旋大小为约束构建传动系统精度均衡分配模型。

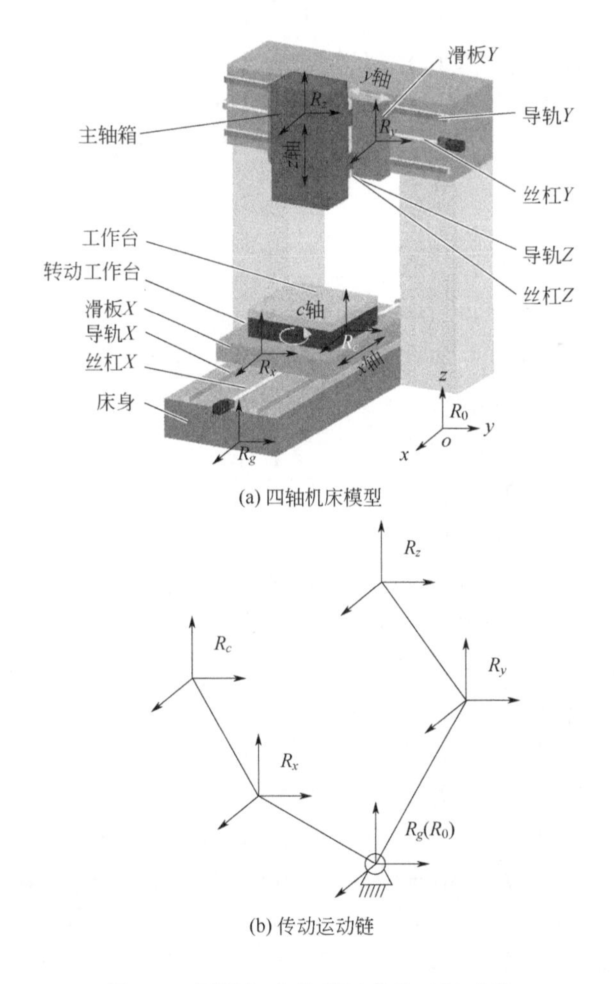

图 9-8 四轴机床模型及其传动运动链

1. 精度设计变量与空间运动误差建模

选取关键传动部件误差参数为精度设计变量。精度设计变量 X 为

$\boldsymbol{X}=(\Delta_1(x)_{\max},\Delta_1(y)_{\max},\Delta_1(z)_{\max},\Delta_2(x)_{\max},\Delta_2(y)_{\max},\Delta_2(z)_{\max},\Delta_3(x)_{\max},\Delta_3(y)_{\max},\Delta_3(z)_{\max},\Delta_4(x)_{\max},\Delta_4(y)_{\max},\Delta_4(z)_{\max},\Delta_5(\gamma)_{\max},\Delta_6(\gamma)_{\max},\Delta_7(\gamma)_{\max},\Delta_{9\max}+\Delta_{10\max},\Delta_{11\max}+\Delta_{12\max},\Delta_{8\max}+\Delta_{13\max})=(x_1,x_2,x_3,x_4,x_5,x_6,x_7,x_8,x_9,x_{10},x_{11},x_{12},x_{13},x_{14},x_{15},x_{16},x_{17},x_{18})$

运动链空间误差矩阵为

$$
\begin{aligned}
\boldsymbol{M}'_e &= \boldsymbol{M}'_{cx}\boldsymbol{M}'_{xo}\boldsymbol{M}'_{oy}\boldsymbol{M}'_{yz} \\
&= \begin{pmatrix} 1 & -R_z(\gamma) & R_y(\gamma) & L_x(\gamma) \\ R_z(\gamma) & 1 & -R_x(\gamma) & L_y(\gamma) \\ -R_y(\gamma) & R_x(\gamma) & 1 & L_z(\gamma) \\ 0 & 0 & 0 & 1 \end{pmatrix}
\begin{pmatrix} 1 & -R_z(x) & R_y(x) & L_x(x) \\ R_z(x) & 1 & -R_x(x) & L_y(x) \\ -R_y(x) & R_x(x) & 1 & L_z(x) \\ 0 & 0 & 0 & 1 \end{pmatrix} \\
&\quad \begin{pmatrix} 1 & -R_z(y) & R_y(y) & L_x(y) \\ R_z(y) & 1 & -R_x(y) & L_y(y) \\ -R_y(y) & R_x(y) & 1 & L_z(y) \\ 0 & 0 & 0 & 1 \end{pmatrix}
\begin{pmatrix} 1 & -R_z(z) & R_y(z) & L_x(z) \\ R_z(z) & 1 & -R_x(z) & L_y(z) \\ -R_y(z) & R_x(z) & 1 & L_z(z) \\ 0 & 0 & 0 & 1 \end{pmatrix} \\
&= \begin{pmatrix} 1 & -x_{13} & x_{15} & 0 \\ x_{13} & 1 & -x_{14} & 0 \\ -x_{15} & x_{14} & 1 & 0 \\ 0 & 0 & 0 & 1 \end{pmatrix}
\begin{pmatrix} 1 & 0 & 0 & x_{10} \\ 0 & 1 & -x_7 & x_4+x_{16} \\ 0 & x_7 & 1 & x_1+x_{18} \\ 0 & 0 & 0 & 1 \end{pmatrix}
\begin{pmatrix} 1 & 0 & x_8 & x_5+x_{16} \\ 0 & 1 & 0 & x_{11} \\ -x_8 & 0 & 1 & x_2+x_{17} \\ 0 & 0 & 0 & 1 \end{pmatrix} \\
&\quad \begin{pmatrix} 1 & -x_9 & 0 & x_6+x_{18} \\ x_9 & 1 & 0 & x_3+x_{17} \\ 0 & 0 & 1 & x_{12} \\ 0 & 0 & 0 & 1 \end{pmatrix}
\end{aligned}
$$

忽略高阶无穷小，空间运动误差矩阵为

$$
\begin{aligned}
\boldsymbol{E} = \boldsymbol{M}'_e &= \begin{pmatrix} 1 & -\varepsilon_z & \varepsilon_y & e_x \\ \varepsilon_z & 1 & -\varepsilon_x & e_y \\ -\varepsilon_y & \varepsilon_x & 1 & e_z \\ 0 & 0 & 0 & 1 \end{pmatrix} \\
&= \begin{pmatrix} 1 & -(x_9+x_{13}) & x_8+x_{15} & x_5+x_6+x_{10}+x_{16}+x_{18} \\ x_9+x_{13} & 1 & -(x_{14}+x_7) & x_3+x_4+x_{11}+x_{16}+x_{17} \\ -(x_8+x_{15}) & x_{14}+x_7 & 1 & x_1+x_2+x_{12}+x_{17}+x_{18} \\ 0 & 0 & 0 & 1 \end{pmatrix}
\end{aligned}
$$

依据齐次变换矩阵定义、式（4-2）和式（4-3），传动系统空间运动综合移动误差定义为

$$
\begin{aligned}
e_x &= x_5 + x_6 + x_{10} + x_{16} + x_{18} \\
e_y &= x_3 + x_4 + x_{11} + x_{16} + x_{17} \\
e_z &= x_1 + x_2 + x_{12} + x_{17} + x_{18}
\end{aligned} \tag{9-20}
$$

综合回转角度误差为

$$
\begin{aligned}
\varepsilon_x &= x_{14} + x_7 \\
\varepsilon_y &= x_8 + x_{15} \\
\varepsilon_z &= x_9 + x_{13}
\end{aligned} \tag{9-21}
$$

四轴数控机床传动系统空间运动误差综合模型构建，如图 9-9 所示。

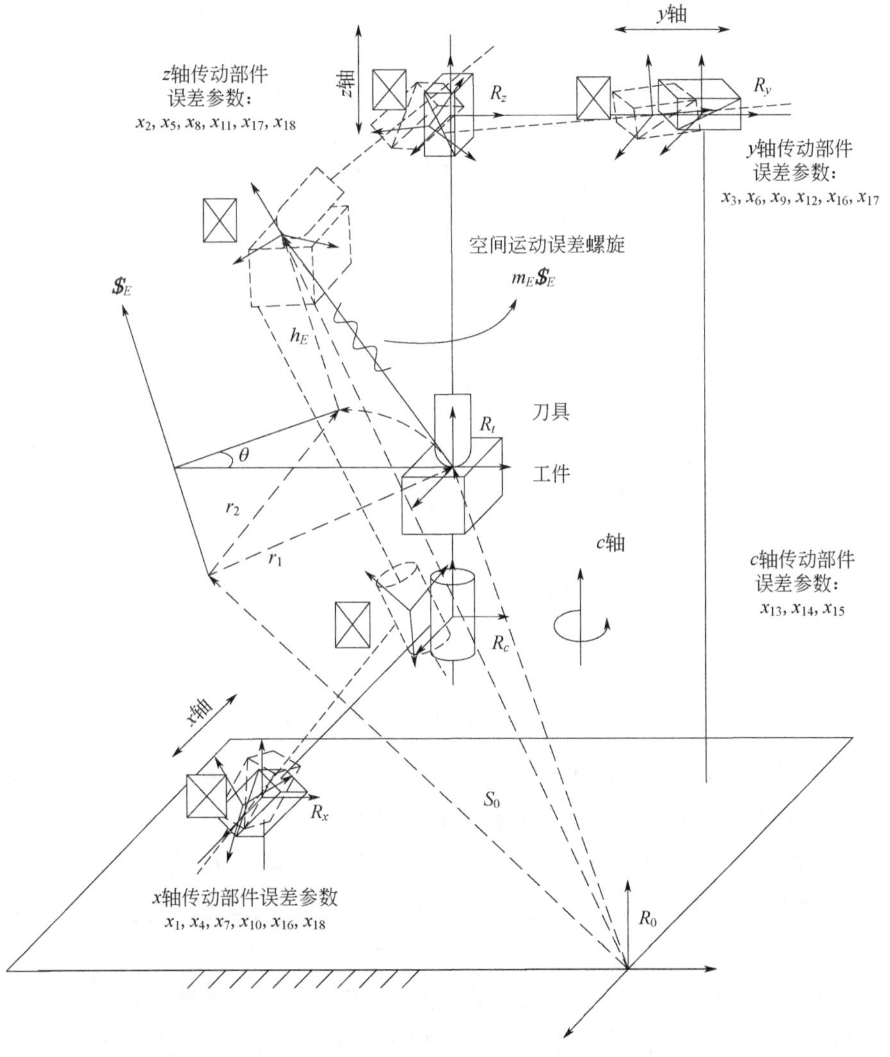

图 9-9　四轴数控机床传动系统空间运动误差模型

2. 传动系统均衡分配目标函数

$$\text{Minimize} \quad f_1 = h_E = \frac{\varepsilon_x e_x + \varepsilon_y e_y + \varepsilon_z e_z}{m_E}$$

$$= \frac{(x_{14}+x_7)(x_5+x_6+x_{10}+x_{16}+x_{18})+(x_8+x_{15})(x_3+x_4+x_{11}+x_{16}+x_{17})+(x_{13}+x_9)(x_1+x_2+x_{12}+x_{17}+x_{18})}{\sqrt{(x_{14}+x_7)^2+(x_8+x_{15})^2+(x_9+x_{13})^2}}$$

$$\text{Minimize} \quad f_2 = Cost_{\Sigma} = \sum_{p=1}^{N} MC_p = MC_x + MC_y + MC_z + MC_c$$

式中，$MC_x = \dfrac{1}{T_{screwx}} + \dfrac{1}{T_{guidelinex}} = \dfrac{1}{x_{10}} + \dfrac{1}{\sqrt{x_1^2 + x_4^2 + x_7^2}}$

$$MC_y = \frac{1}{T_{screwy}} + \frac{1}{T_{guideliney}} = \frac{1}{x_{11}} + \frac{1}{\sqrt{x_2^2 + x_5^2 + x_8^2}}$$

$$MC_z = \frac{1}{T_{screwz}} + \frac{1}{T_{guidelinez}} = \frac{1}{x_{12}} + \frac{1}{\sqrt{x_3^2 + x_6^2 + x_9^2}}$$

$$MC_c = \frac{1}{T_{wormgear}} = \frac{1}{\sqrt{x_{13}^2 + x_{14}^2 + x_{15}^2}}$$

3. 约束条件

$m_E = \sqrt{\varepsilon_x^2 + \varepsilon_y^2 + \varepsilon_z^2} = \sqrt{(x_{14}+x_7)^2 + (x_8+x_{15})^2 + (x_9+x_{13})^2} \leqslant 0.05$，且 $0 \leqslant x_i$，$1 \leqslant i \leqslant 18$

因此，数学优化模型表示为

$$\begin{cases} x_i, 1 \leqslant i \leqslant 18 \\ \min \quad f_1(X) \\ \min \quad f_2(X) \\ \text{s.t.} \quad \begin{matrix} 0 \leqslant x_i, 1 \leqslant i \leqslant 18, \\ g(X) = m_E - 0.05 \leqslant 0 \end{matrix} \end{cases}$$

由于是多目标优化问题，精度分配同时要考虑制造成本指标，因此采用Pareto最优解决策略。改进的NSGA-Ⅱ算法设置如下：

（1）改进的NSGA-Ⅱ算法的参数设置：种群数 *pop*=10，进化代数 *gen*=30，交叉率 P_c=0.9，变异率 P_m=0.1，交叉操作分配率 *mu*=20，变异操作分配率 *mum*=20。

（2）适应度函数：为解决非线性优化问题，构建拉格朗日函数，对约束方程和目标函数合成计算。根据式（9-12）～式（9-16），适应度函数为：

Minimize：

$$F_1 = L(X,\lambda,r_p) = f_1(X) + \frac{1}{2r_p^v}(\lambda^{(v+1)^2} - \lambda^{v^2})$$

$$F_2 = f_2$$

式中，$\lambda^{(v+1)} = \lambda^v + 2r_p^v g(X^v)$；$r_p^{v+1} = \begin{cases} 2r_p^v & |g(X^v)| > \varepsilon_g \\ r_p^v - 0.255r_p^v & |g(X^v)| < \varepsilon_g \end{cases}$；$r_p \geqslant \frac{1}{2}\sqrt{\frac{|\lambda|}{\varepsilon_g}}$；

$g(X) = m_E - 0.05$；$0 \leqslant x_i, 1 \leqslant i \leqslant 18$；$\lambda^0 = 0$；$r_p^0 = 1$；$\varepsilon_g = 0.0001$。

（3）梯度下降算子局部搜索函数：梯度下降局部搜索最小化单目标函数 $F(x)=\beta_1F_1+\beta_2F_2$，$\beta_1=\beta_2\in(0, 1)$，$\beta_1+\beta_2=1$。

（4）终止条件：迭代次数达到最大进化代数则终止计算。

改进的 NSGA-Ⅱ算法计算传动系统精度分配 Pareto 解集见表 9-4。

表 9-4　*pop*=10 *gen*=30 时精度参数 Pareto 解集　　mm

项目	A_1	A_2	A_3	A_4	A_5	A_6	A_7	A_8	A_9	A_{10}
x_1	0.0156	0.0158	0.0187	0.0086	0.0058	0.0175	0.0159	0.0047	0.0159	0.0174
x_2	0.0045	0.0046	0.0173	0.0037	0.0044	0.0133	0.0051	0.0001	0.0053	0.0141
x_3	0.0000	0.0000	0.0217	0.0038	0.0075	0.0196	0.0004	0.0069	0.0004	0.0203
x_4	0.0022	0.0022	0.0112	0.0029	0.0033	0.0112	0.0023	0.0035	0.0020	0.0114
x_5	0.0176	0.0176	0.0190	0.0163	0.0111	0.0004	0.0167	0.0113	0.0172	0.0005
x_6	0.0197	0.0199	0.0026	0.0182	0.0111	0.0030	0.0215	0.0111	0.0200	0.0025
x_7	0.0110	0.0110	0.0195	0.0157	0.0132	0.0200	0.0090	0.0132	0.0107	0.0198
x_8	0.0084	0.0087	0.0091	0.0019	0.0201	0.0089	0.0084	0.0195	0.0087	0.0088
x_9	0.0134	0.0137	0.0176	0.0146	0.0028	0.0155	0.0131	0.0019	0.0135	0.0162
x_{10}	0.0048	0.0038	0.0192	0.0043	0.0147	0.0189	0.0040	0.0138	0.0044	0.0189
x_{11}	0.0004	0.0173	0.0204	0.0083	0.0204	0.0191	0.0035	0.0195	0.0010	0.0191
x_{12}	0.0092	0.0092	0.0163	0.0173	0.0200	0.0158	0.0093	0.0195	0.0093	0.0157
x_{13}	0.0084	0.0084	0.0179	0.0030	0.0101	0.0188	0.0081	0.0104	0.0082	0.0184
x_{14}	0.0047	0.0047	0.0133	0.0125	0.0069	0.0136	0.0047	0.0066	0.0048	0.0139
x_{15}	0.0150	0.0150	0.0142	0.0127	0.0194	0.0133	0.0148	0.0198	0.0150	0.0136
x_{16}	0.0209	0.0208	0.0016	0.0149	0.0099	0.0029	0.0190	0.0095	0.0196	0.0029
x_{17}	0.0020	0.0021	0.0017	0.0050	0.0057	0.0016	0.0020	0.0065	0.0021	0.0015
x_{18}	0.0160	0.0160	0.0023	0.0109	0.0089	0.0017	0.0160	0.0087	0.0165	0.0013

借助 VIKOR 方法从精度分配 Pareto 解集分析优选最优方案，计算可得各精度分配方案的 S、R 及 Q 值，取 k=0.5，其计算结果见表 9-5。

表 9-5　k=0.5 时各方案 S、R 及 Q 值

精度方案	S		R		Q	
	参数值	排序	参数值	排序	参数值	排序
A_1	0.5523	9	0.0500	2	0.9923	9
A_2	0.5095	7	0.0500	2	0.9118	7
A_3	0.2906	1	0.0500	2	0.5000	2
A_4	0.5051	6	0.0500	2	0.9035	6
A_5	0.4308	4	0.0469	1	0.2637	1
A_6	0.3743	3	0.0500	2	0.6574	4
A_7	0.5564	10	0.0500	2	1.0000	10
A_8	0.4510	5	0.0500	2	0.8017	5
A_9	0.5498	8	0.0500	2	0.9876	8
A_{10}	0.3639	2	0.0500	2	0.6380	3

针对精度方案 Pareto 解集分别计算，可得到每个方案对应的空间误差、位置误差和角度误差，空间误差螺旋大小、螺距以及制造成本等，见表 9-6。每个方案对应的制造成本、精度之间关系如图 9-10 所示。根据 VIKOR 方法分析结果见表 9-6，可确定 A_3、A_5 分别为 S 值、R 值及 Q 值排序所得方案。方案制造成本分别为 269、351；精度大小分别为 0.0430、0.0420；螺距分别为 0.0838、0.0661。在以上分析的基础上，最终选择方案 A_5 为传动系统精度分配方案。

表 9-6　各精度分配方案对应的空间误差的三项位置误差、三项角度误差、精度、螺距及制造成本

项目	ε_x/mm	ε_y/mm	ε_z/mm	e_x/mm	e_y/mm	e_z/mm	m_E/mm	h_E/mm	制造成本/元
A_1	0.0063	0.0233	0.0218	0.0790	0.0256	0.0474	0.0326	0.0654	3030
A_2	0.0063	0.0237	0.0221	0.0780	0.0424	0.0477	0.0330	0.0772	571
A_3	0.0063	0.0233	0.0356	0.0447	0.0566	0.0563	0.0430	0.0838	269
A_4	0.0033	0.0146	0.0175	0.0646	0.0349	0.0454	0.0230	0.0658	566
A_5	0.0064	0.0395	0.0129	0.0555	0.0468	0.0447	0.0420	0.0661	351
A_6	0.0063	0.0222	0.0343	0.0269	0.0543	0.0498	0.0413	0.0746	306
A_7	0.0043	0.0233	0.0212	0.0772	0.0272	0.0484	0.0318	0.0627	785

续表

项目	ε_x/mm	ε_y/mm	ε_z/mm	e_x/mm	e_y/mm	e_z/mm	m_E/mm	h_E/mm	制造成本/元
A_8	0.0066	0.0393	0.0122	0.0543	0.0457	0.0395	0.0417	0.0633	365
A_9	0.0058	0.0238	0.0217	0.0777	0.0251	0.0491	0.0327	0.0647	1459
A_{10}	0.0059	0.0223	0.0346	0.0261	0.0551	0.0501	0.0416	0.0749	303

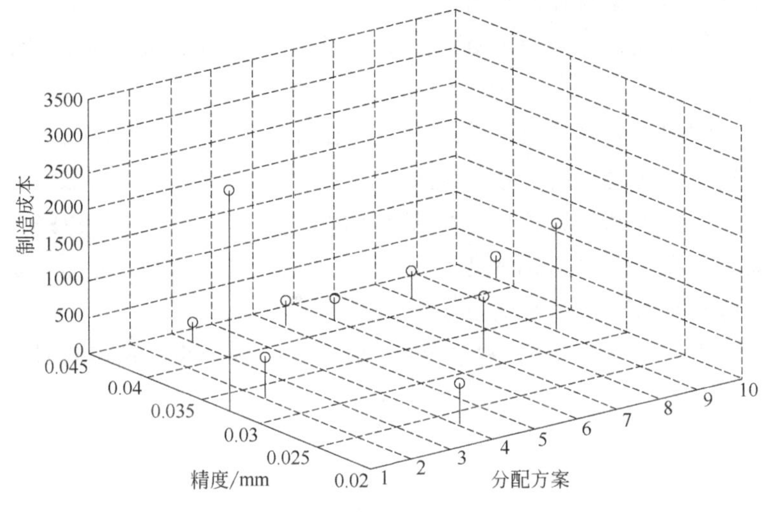

(a) 各分配方案空间误差大小和制造成本分析

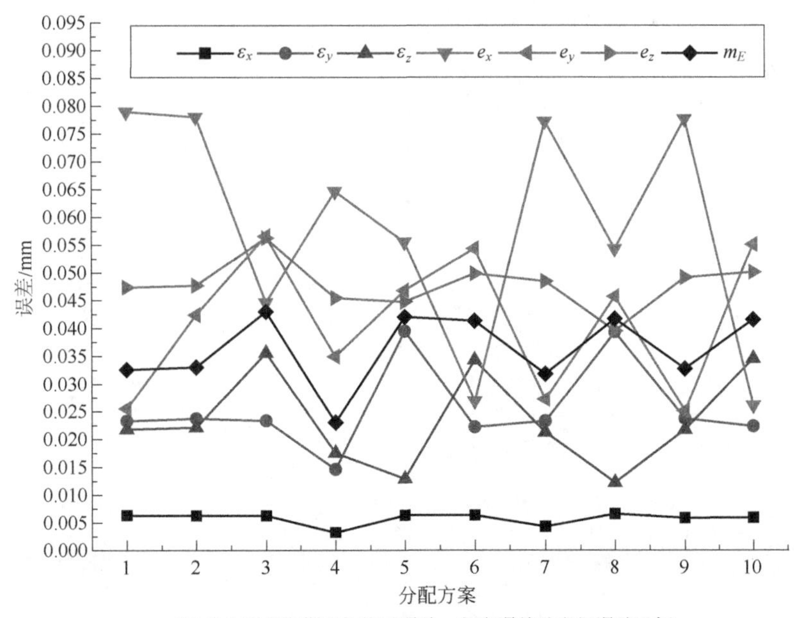

(b) 各分配方案相应的位置误差、角度误差及空间误差分析

图 9-10　各精度分配方案的精度、制造成本之间关系

本章小结

（1）给出了运动误差分析、传动系统误差参数定义，提出了面向复杂产品方案设计的传动系统精度分配方法。

（2）利用运动误差矩阵和螺旋理论，建立了复杂产品运动链传动系统空间误差模型，给出了空间误差模型的几何意义。

（3）以空间误差螺旋螺距和制造成本最小为目标，以空间误差螺旋大小为约束，建立了传动系统精度分配模型。借助拉格朗日函数合成约束方程及目标函数，给出了基于拉格朗日乘子和梯度下降算子的改进 NSGA-Ⅱ算法，求解了精度分配方案 Pareto 解集。在此基础上，利用 VIKOR 方法分析获得了最终的传动系统精度分配方案。

（4）给出了所提出精度分配方法在数控机床传动系统精度设计中的应用实例。

参考文献

[1] VALERIO de CARVALHO J M，et al. A LP-based approach to a two-stage cutting stock problem [J]. European Journal of Operational Research，1995，84（3）：580-589.

[2] DOWSLAND K A. An exact algorithm for the pallet loading problem [J]. European Journal of Operational Research，1987，31（1）：78-84.

[3] 滕弘飞，等. 复杂布局问题：航天器舱布局方案设计 [J]. 大连理工大学学报，2001，41（5）：578-588.

[4] 曹月东. 二维布局优化神经网络计算方法 [D]. 北京：北京交通大学，1999.

[5] 于洋，查建中，唐晓君. 一种混合全局寻优算法及其在布局中的应用 [J]. 计算机辅助设计与图形学学报，2001，13（9）：846-850.

[6] 戴佐，袁俊良，查建中，等. 一种基于八叉树结构表达的三维实体布局启发式算法 [J]. 软件学报，1995，6（10）：629-636.

[7] 唐晓君，查建中，陆一平. 基于虚拟现实的人机结合方法及其在布局中的应用 [J]. 机械工程学报，2003，23（7）：857-859.

[8] 王阳. 复杂产品需求激活与多域约束的布局设计及重构技术研究 [D]. 杭州：浙江大学，2019.

[9] 康慧，杨随先，邓淑文，等. 产品操作界面元素布局多目标优化设计 [J]. 包装工程，2020，41（8）：149-153，172.

[10] 徐金宝. 复杂产品中的分支线缆自动布局设计技术研究 [D]. 北京：北京理工大学，2015.

[11] 吴宏超. 复杂产品中的管路自动布局与优化技术研究 [D]. 北京：北京理工大学，2015.

[12] 刘深深，陈江涛，桂业伟，等. 基于数据挖掘技术的飞行器气动布局设计知识提取研究 [J]. 航空学报，2020.

[13] 腾弘飞，张宝，刘俊，等. 航天器布局方案设计 [J]. 大连理工大学学报，2003，43（1）：86-92.

[14] 陈标. 产品紧凑布局优化设计中组件形变方法研究 [D]. 南宁：广西大学，2014.

[15] 唐林. 产品概念设计基本原理及方法 [M]. 北京：国防工业出版社，2006.

[16] 邓家禔，韩晓建，曾硝，等. 产品概念设计——理论、方法与技术 [M]. 北京：机械工业出版社，2002.

[17] RAHARJO H，XIE M，BROMBACHER A C. A systematic methodology to deal with the dynamics of customer needs in quality Function deployment [J]. Expert Systems with Applications，2011，38（4）：3653-3662.

[18] 顾复，张树有. 面向配置需求获取的参数耦合网络模型及应用 [J]. 浙江大学学报（工学版），2011（12）：2208-2215.

[19] 张和明，熊光楞．产品需求获取及其结构化建模方法[J]．计算机集成制造系统，2001，7(10)：18-21．

[20] 孙伟，马沁怡，刘晓冰．基于设计仓库的产品需求获取与处理方法研究［J］．计算机集成制造系统，2003，9（8）：686-690．

[21] 丁俊武，韩玉启，郑称德．基于 TRIZ 的产品需求获取研究［J］．计算机集成制造系统，2006，12（5）：648-653．

[22] 符丁，尹卓英．关联规则挖掘发现问题的协同式需求获取方法[J]．计算机与数字工程，2011，39（4）：63-66．

[23] 崔剑，祁国宁，纪杨建，等．基于客户结构阶层和 BP 的 PLM 客户需求［J］．浙江大学学报（工学版），2008，42（3）：528-533．

[24] 胡浩，祁国宁，方水良，等．基于产品服务数据的客户需求挖掘［J］．浙江大学学报（工学版），2009，43（3）：540-545．

[25] 梁春霞，谭建荣，谢清．面向 MC 配置设计的客户需求交互系统及其实现研究［J］．机床与液压，2005（3）：11-13．

[26] 李阳，胡树根，王耘，等．基于技术系统进化法则的产品功能需求获取模型研究［J］．机械科学与技术，2012（8）：1205-1210．

[27] 乌兰木其，吴斌，邓家禔．面向创新的产品需求获取与处理研究［J］．北京航空航天大学学报，2001，27（2）：202-205．

[28] 方辉，谭建荣，殷国富，等．基于灰理论的质量屋用户需求分析方法研究［J］．计算机集成制造系统，2009，15（3）：576-584，591．

[29] 常艳，潘双夏，郭峰，等．面向模块化设计的客户需求分析［J］．浙江大学学报（工学版），2008，42（2）：248-252．

[30] 余志伟，唐任仲，贾东浇，等．一种基于业务过程的信息系统安全需求分析方法［J］．中国机械工程，2007（4）：457-460．

[31] 袁长峰，刘晓冰，陈燕．基于需求元的产品需求分析［J］．大连海事大学学报，2008，34（2）：113-116．

[32] 戴若夷．面向大规模定制的广义需求建模方法与实现技术的研究及应用［D］．杭州：浙江大学，2004．

[33] 李中凯，谭建荣，冯毅雄．可调节产品族的自底向上优化再设计方法［J］．计算机辅助设计与图形学学报，2009，21（8）：1083-1091．

[34] 张建明．机械产品概念设计的若干方法研究［D］．大连：大连理工大学，2005．

[35] 张福龙．面向客户需求的产品绿色设计方法研究［D］．合肥：合肥工业大学，2008．

[36] 陈清．客户需求驱动的绿色产品规划方法研究［D］．合肥：合肥工业大学，2008．

[37] 刘志峰，张福龙，张雷，等．面向客户需求的绿色创新设计研究［J］．机械设计与研究，2008，24（1）：6-10．

[38]RAQUEL F L，JUAN M R-J．Managing logistics customer service under uncertainty：An integrative fuzzy kano framework［J］．Information Sciences，2012，202（10）：41-57．

[39] 崔剑，祁国宁，纪杨建，等．基于需求流动链的映射机理［J］．机械工程学报，2008，44（7）：93-100．

[40] PRASAD B．Review of QFD and Related Deployment Techniques ［J］．Journal of Manufacturing Systems，1998，17（3）：221-234．

[41] FUNG R Y K，POPPLEWELL K，XIE J．Requirements Analysis and Product Attribute Targets Determination ［J］．International Journal of Production Research，1998，36（1）：13-34．

[42] TANG J，FUNG R Y K，XU B，et al．A New Approach to quality function deployment planning with financial consideration，Computers and operations research［J］．Computer & Operations Research，2002，29（1）：1447-1463．

[43] LI Y L，TANG J F，LUO X G，et al．A quantitative methodology for acquiring engineering characteristics in PPHOQ［J］．Expert System with Applications，2010，37（1）：187-193．

[44]CHEN Y，TANG J，FUNG R Y K，et al．Fuzzy regression-based mathematical programming model for quality function deployment ［J］．International Journal of Production Research，2004，42（5）：1009-1027．

[45]LI Y L，TANG J F，CHIN K，et al．Estimating the final prority ratings of engineering characteristics in mature-period product improvement by MDBA and AHP［J］．International Journal of Production Ecnomics，2011，131（1）：575-586．

[46] LUO X G，KWONG C K，TANG J F．Determining optimal levels of engineering characteristics in quality funxtion deployment under multi-segment market［J］．Computers & Industrial Engineering，2010，59（1）：126-135．

[47] SENER Z，KARSAK E E．A decision model for setting target levels in quality function deployment using nonlinear programming-based fuzzy regression and optimization ［J］．International Journal of Advanced Manufacturing Technology，2010，48（9-12）：1173-1184．

[48] LEE A H I，KANG H Y，YANG C Y，et al．An evaluation framework for product planning using FANP，QFD and multi-choice goal programming ［J］．International Journal of Production Research，2010，48（13）：3977-3997．

[49] HOYLE C J，CHEN W．Product Attribute Function Deployment（PAFD）for Decision-Based Conceptual Design［J］．IEEE Transactions on Engineering Management，2009，56（2）：271-284．

[50] SAKAO T．A QFD-centred design methodology for environmentally conscious product design

[J]. International Journal of Production Research, 2007, 45 (18-19): 4143-4162.

[51] 李柏姝，雒兴刚，唐加福. 基于灵敏度分析的产品族规划方法 [J]. 机械工程学报，2010，46 (15): 117-124.

[52] 任朝辉，宋乃慧，李小彭，等. 质量功能配置方法中模糊信息建模 [J]. 机械工程学报，2007，43 (5): 64-68.

[53] 李延来，唐加福，姚建明，等. 质量屋中顾客需求改进重要度的确定方法 [J]. 机械工程学报，2007，43 (11): 110-118.

[54] 谭建荣. 机电产品现代设计：理论、方法与技术 [M]. 北京：高等教育出版社，2009.

[55] 闻邦椿，刘树英，李小彭. 产品主辅功能及功能优化设计 [M]. 北京：机械工业出版社，2008.

[56] 文怀兴. 数控机床系统设计 [M]. 北京：化学工业出版社，2005.

[57] GENG X L, CHU X N, XUE D Y, et al. An integrated approach for rating engineering characteristics' final importance in product-service system development [J]. Computers & Industrial Engineering, 2010, 59 (4): 585-594.

[58] MIAO D Q, FAN S D. The calculation of knowledge granulation and its application [J]. System Engineering-Theory & Application, 2002, 22 (1): 48-56.

[59] CHEN Y M, WU K S, XIE R S. Reduction for decision table based on relative knowledge granularity [J]. Journal of Shandong University (Engineering Science), 2012, 42 (6): 8-12

[60] 李宗斌，高新勤，赵丽萍. 基于多色集合理论的信息建模与优化技术 [M]. 北京：科学出版社，2010.

[61] ARMIN F, KONSTANTY J S, ZBIGNIEW L. Exact and approximation algorithms for a soft rectangle packing problem [J]. Taylor & Francis, 2014, (10): 1637-1663.

[62] XU Y C, DONG F M, LIU Y, et al. Genetic algorithm for rectangle layout optimization with equilibrium constraints [J]. Pattern Recognition & Artificial Intelligence, 2010, 23 (6): 794-801

[63] MAIER J, FADEL G. Affordance-based design methods for innovative design, redesign and reverse engineering [J]. Research Engineering Design, 2009, 20: 225-239.

[64] MAIER J, EZHILAN T, FADEL G. The affordance structure matrix –a concept exploration and attention directing tool for affordance based design [C]. International Design Engineering Technical Conferences and Computers and Information in Engineering Conference. Las Vegas: ASME, 2007: 277-287.

[65] MAIER J, FADEL G. Comparing function and affordance as bases for design [C]. Design Theory and Methodology Conference. Montreal, ASME, 2002: 315-321.

[66] 刘尚，史冬岩. 基于可供性分析的技术系统理想度提高方法 [J]. 机械设计，2013，30 (3): 12-16.

[67] 宋红，余隋怀，王淑侠，等. 基于可供性的自适应免疫遗传优化产品形态设计方法 [J]. 计算机集成制造系统，2014，20（6）：1308-1314.

[68] 武春龙，纪杨建，祁国宁，等. 以 Affordance 和功能为共同基础的功能结构图方法拓展研究 [J]. 计算机集成制造系统，2015，21（4）：924-933.

[69] MUAMMER O. Factors which influence decision making in new product evaluation [J]. European Journal of Operational Research. 2005，163（3）：784-801.

[70] HERRERA F，HERRERA V E，MARTINEZ L. A fusion approach for managing multi-granularity linguistic term sets in decision making [J]. Fuzzy Sets and Systems，2000，114（1）：43-58.

[71] HERRERA F，MARTINEZ J L. A 2-tuple fuzzy linguistic representation model for computing with words [J]. IEEE Transaction on Fuzzy Systems，2000，8（6）：746-752.

[72] 丁瑶，杜亚男，王同乐，等. 基于模糊综合评价的数控磨床运动方案设计 [J]. 机电产品开发与创新，2011，24（4）：155-157.

[73] PAWEL M. Modeling of geometric errors of linear guideway and their influence on joint kinematic error in machine tools [J]. Precision Engineering，2012，36（3）：369-378.

[74] 于颖，於孝春，李永生. 扩展拉格朗日乘子粒子群算法解决工程优化问题 [J]. 机械工程学报，2009，45（12）：167-172.

[75] OPRICOVIC S，TZENG G H. Compromise solution by MCDM methods：A comparative analysis of VIKOR and TOPSIS [J]. European Journal of Operational Research，2004，156（2）：445-455.